企业安全风险评估技术与管控体系研究丛书
国家安全生产重特大事故防治关键技术科技项目
湖北省安全生产专项资金项目资助

U0171527

非煤矿山企业
重大风险辨识评估与分级管控

王其虎　胡南燕　李　文　｜　著
姚　囝　柯丽华　吴孟龙

化学工业出版社

·北京·

内容简介

《非煤矿山企业重大风险辨识评估与分级管控》为"企业安全风险评估技术与管控体系研究丛书"的一个分册。

本书针对当前非煤矿山安全风险管控的短板，以防范、化解重大安全风险为目标，依据国家安全生产法律法规、标准规范的要求，借鉴"五高"（高风险设备、高风险工艺、高风险物品、高风险作业、高风险场所）风险管控理念，系统阐述非煤固体矿山企业重大风险辨识评估与分级管控。主要章节内容包括：绪论；非煤矿山安全生产风险特征；基于遏制重特大事故的"五高"风险管控理论；非煤矿山风险辨识评估方法；非煤矿山典型五高风险评估案例；风险分级管控；"五高"风险评估方法推广应用及分析。

《非煤矿山企业重大风险辨识评估与分级管控》适合非煤矿山企业的主要负责人和安全管理人员、政府安全监管人员阅读，也适合高校和研究院所的教师、研究人员和学生参考。

图书在版编目（CIP）数据

非煤矿山企业重大风险辨识评估与分级管控/王其虎
等著 . —北京：化学工业出版社，2022.12
（企业安全风险评估技术与管控体系研究丛书）
ISBN 978-7-122-42334-4

Ⅰ. ①非⋯ Ⅱ. ①王⋯ Ⅲ. ①矿山安全-安全生产-研究 Ⅳ. ①TD7

中国版本图书馆 CIP 数据核字（2022）第 188753 号

责任编辑：高 震 杜进祥　　　　　　装帧设计：韩 飞
责任校对：王鹏飞

出版发行：化学工业出版社（北京市东城区青年湖南街 13 号　邮政编码 100011）
印　　装：北京科印技术咨询服务有限公司数码印刷分部
710mm×1000mm　1/16　印张 12　字数 189 千字　　　2024 年 1 月北京第 1 版第 1 次印刷

购书咨询：010-64518888　　　　　　售后服务：010-64518899
网　　址：http://www.cip.com.cn
凡购买本书，如有缺损质量问题，本社销售中心负责调换。

定　　价：88.00 元　　　　　　　　　　　　　　　　版权所有　违者必究

丛书序言

安全生产是保护劳动者的生命健康和企业财产免受损失的基本保证。经济社会发展的每一个项目、每一个环节都要以安全为前提，不能有丝毫疏漏。当前我国经济已由高速增长阶段转向高质量发展阶段，城镇化持续推进过程中，生产经营规模不断扩大，新业态、新风险交织叠加，突出表现为风险隐患增多而本质安全水平不高、监管体制和法制体系建设有待完善、落实企业主体责任有待加强等。安全风险认不清、想不到和管不住的行业、领域、环节、部位普遍存在，重点行业领域安全风险长期居高不下，生产安全事故易发多发，尤其是重特大安全事故仍时有发生，安全生产总体仍处于爬坡过坎的艰难阶段。特别是昆山中荣"8·2"爆炸、天津港"8·12"爆炸、江苏响水"3·21"爆炸、湖北十堰"6·13"燃气爆炸等重特大事故给人民生命和国家财产造成严重损失，且影响深远。

2016年，国务院安委会发布了《关于实施遏制重特大事故工作指南构建双重预防机制的意见》（安委办〔2016〕11号），提出"着力构建企业双重预防机制"。该文件要求企业要对辨识出的安全风险进行分类梳理，对不同类别的安全风险，采用相应的风险评估方法确定安全风险等级，安全风险评估过程要突出遏制重特大事故。2022年，国务院安委会发布了《关于进一步强化安全生产责任落实坚决防范遏制重特大事故的若干措施》（安委〔2022〕6号），制定了十五条硬措施，发动各方力量全力抓好安全生产工作。

提高企业安全风险辨识能力，及时发现和管控风险点，使企业安全工作认得清、想得到、管得住，是遏制重特大事故的关键所在。"企业安全风险评估技术与管控体系研究丛书"通过对国内外风险辨识评估技术与管控体系的研究及对各行业典型事故案例分析，基于安全控制论以及风险管理理论，以遏制重特大事故为主要目标，首次提出基于"五高"风险（高风险设备、高风险工艺、高风险物品、高风险作业、高风险场所）"5＋1＋N"的辨识评估分级方法与管控技术，并与网络信息化平台结合，实现了风险管控的信息化，构建了风险监控预警与管理模式，属原创性风险管控理论和方法。推广应用该理论和方法，有利于企业风险实施动态管控、持续改进，也有利于政府部门对企业的风险实施分级、分类集约化监管，同时也为遏制重特大事故提供决策支持。

"企业安全风险评估技术与管控体系研究丛书"包含六个分册，分别为《企业安全风险辨识评估技术与管控体系》《危险化学品企业重大风险辨识评估与分级管控》《工贸行业重大风险辨识评估与分级管控 》《烟花爆竹企业重大风险辨识评估与分级管控 》《非煤矿山企业重大风险辨识评估与分级管控 》《金属冶炼企业重大风险辨识评估与分级管控》。丛书是众多专家多年潜心研究成果的结晶，介绍的企业安全风险管控的新思路和新方法，既有很高的学术价值，又对工程实践有很好的指导意义。希望丛书的出版，有助于读者了解并掌握"五高"辨识评估方法与管控技术，从源头上系统辨识风险、管控风险，消除事故隐患，帮助企业全面提升本质安全水平，坚决遏制重特大生产安全事故，促进企业高质量发展。

丛书基于 2017 年国家安全生产重特大事故防治关键技术科技项目"企业'五高'风险辨识与管控体系研究"（hubei-0002-2017AQ）和湖北省安全生产专项资金科技项目"基于遏制重特大事故的企业重大风险辨识评估技术与管控体系研究"的成果，编写过程中得到了湖北省应急管理厅、中钢集团武汉安全环保研究院有限公司、中国地质大学（武汉）、武汉科技大学、中南财经政法大学等单位的大力支持与协助，对他们的支持和帮助表示衷心的感谢！

"企业安全风险评估技术与管控体系研究丛书"丛书编委会
2022 年 12 月

前　言

重特大事故具有后果严重、社会影响恶劣的特点，重特大事故的预防是安全生产工作的重点。近年来，我国非煤矿山企业安全生产保持了总体稳定、趋势向好的发展态势，事故总量有较大幅度下降，但重特大事故时有发生。2021年"1·10"栖霞市金矿重大爆炸事故、2019年"2·23"内蒙古银漫矿业公司车辆伤害事故等多起非煤矿山重特大事故给人民生命财产造成严重损失，给社会造成深远影响。

预防重特大事故的关键是辨识和管控重大安全风险。为了遏制各行业重特大事故，2016年国家推行风险分级管控、隐患排查治理双重预防机制。《遏制非煤矿山领域重特大事故工作方案》（安监总管一〔2016〕60号）指出要进一步完善非煤矿山安全风险分级方法，明确非煤矿山重大生产安全事故隐患判定标准，推动构建非煤矿山安全风险分级管控和隐患排查治理双重预防性工作机制。2022年7月，国家矿山安全监察局印发了《"十四五"矿山安全生产规划》，以防范化解重大安全风险，有效遏制矿山重特大事故发生，保护从业人员生命安全，全面提升矿山安全综合治理效能，实现矿山安全高质量发展。

按照国家关于构建风险分级管控和隐患排查治理双重预防机制的重大决策部署，认真落实《遏制非煤矿山领域重特大事故工作方案》，加快推进非煤矿山领域风险分级管控和隐患排查治理双重预防机制建设，以安全风险辨识和管控为基础，从源头上系统辨识风险、管控风险，努力把各类风险控制在可接受范围内，消除和减少事故隐患，全面提升企业的本质安全水平，坚决遏制较大以上生产安全事故的发生，建立一套系统性的非煤矿山重大安全风险辨识、评估和分级管控体系。

非煤矿山生产过程中，可能诱发群死群伤的事故风险类型众多，事故风险影响因素复杂，具有显著的动态性，矿山生产各个环节重大安全事故风险评估指标体系创建工作需要进一步加强，我国非煤矿山风险辨识管控法规、制度、标准体系尚未完全建立，不利于各企业高效开展重大风险辨识和管控工作。同时，传统的 LEC 法、风险矩阵法等安全风险评估体系只能反映某一静态下的矿山安全风险，主观性也较强，无法适应矿山安全信息化、智能化发展需求。因此，科学研究非煤矿山重大安全风险辨识、实时动态评估和分级管控理论方法，对引导和规范非煤矿山企业安全风险管控制度建设，实现重大风险预控和关口前移，防范化解重大安全风险具有重大意义。

本书针对当前非煤矿山安全风险管控的短板，以防范化解重大安全风险为目标，依据国家安全生产法律法规、标准规范的要求，融合安全生产标准化相关要求，借鉴"五高"风险管控理念，开展了系统的非煤固体矿山企业重大风险辨识评估与分级管控研究。经过对典型非煤矿山企业的现场调研，分别对地下矿山、露天矿山和尾矿库单元开展风险辨识与评估，形成了通用风险与隐患违规证据信息清单和"五高"风险指标清单；构建了基于"5＋1＋N"的非煤矿山重大安全风险动态评估模型，形成了非煤矿山安全风险 PDCA 闭环管控模式。部分研究成果在湖北省 33 家重点尾矿库开展了应用试点工作，并为湖北省应急管理综合应用平台的"金属非金属矿山安全监管—风险智能监测系统"信息平台提供了模型支撑，目前该平台已顺利上线运行。

同时，本书是"企业安全风险评估技术与管控体系研究丛书"的一个分册，由武汉科技大学总体负责，在丛书编委会的指导下完成撰写。

本书由武汉科技大学的王其虎进行统稿和定稿，武汉科技大学的吴孟龙、黄冈师范学院李文编写了第一章，李文编写了第二章，武汉科技大学的王其虎编写了第三章和第四章，武汉科技大学的胡南燕、姚囝和柯丽华编写了第五章，李文、胡南燕编写了第六章，王其虎编写了第七章。武汉科技大学的叶义成教授进行了认真审阅，并提出了许多宝贵意见。

研究期间，得到了调研矿山企业、试点尾矿库和信息化平台建设方的支持，对这些企业的帮助表示衷心的感谢！

由于著者水平有限，书中难免存在不妥之处，敬请读者批评指正！

著者

2022 年 3 月

目 录

第一章　绪　论

第一节 概　述

1. 非煤矿山事故概述

近年来，虽然我国安全生产形势逐渐好转，但生产性事故时有发生。与发达国家或者某些发展中国家相比，事故发生的数量和严重程度，依然在一个很高的水平。重特大事故虽然发生频率低，但造成的人员伤亡和财产损失严重，制约着我国工业生产，乃至整个国民经济和社会的可持续发展。

我国大量非煤矿山地质条件复杂、生产规模较小、安全投入有限，部分企业安全生产责任制落实不到位，以包代管、包而不管，导致一些矿山开拓、开采设计不规范，采用的开采工艺在控制矿山危险源方面存在缺陷，设备设施落后、安全管理混乱，易发生事故。为预防和减少非煤矿山生产安全事故，我国持续推动关闭不具备安全生产条件的非煤矿山。2018 年与 2012 年相比，全国非煤矿山数量减少 23.6%，尾矿库数量减少 40%，生产安全事故数量和死亡人数分别下降 48.4% 和 56.3%。但重大安全事故仍然时有发生，安全形势依然严峻。"1·10"栖霞市金矿重大爆炸事故、"2·23"内蒙古银漫矿业公司车辆伤害事故、"3·15"山东石门铁矿坠罐事故、"9·8"襄汾新塔矿业尾矿库溃坝事故、"8·1"娄烦尖山铁矿排土场垮塌事故等重特大安全事故给人民生命财产和社会造成严重损失和深远影响。

部分重大安全事故频发原因是企业认不清风险、轻视了风险后果严重性、未从根源防控风险。依据美国著名安全工程师海因里希提出的 300∶29∶1 法则，当一个企业有 300 起隐患或违章，必然要发生 29 起轻伤或故障，另外还有一起重伤、死亡或重大安全事故。而一起小的伤亡事件企业可能存在 300 起先兆及 1000 起隐患，或更多隐藏的风险和隐患，只是由于侥幸而未造成更为惨重的伤亡。按这样计算，对事故发生率较高的我国来讲这将是一个无法估量的风险数据。随着新工艺、新技术的涌现，随之而来的是安全生产事故诱因多样化，想不到和管不到的区域、环节、部位普遍存在。因此，防范重大风险就必须突出重点区域、重点环节和重点岗位的防控。基于此，突出强化劳动密集型场所、危险物质、高危作业工序的重点管控，合理定义出危险物质、工艺、设备、场所、岗位重点管控部位是防范重大风险是否具有高效性的关键。

2. 非煤矿山风险评估概述

我国矿山开采规模较大，事故原因在于我国部分矿业开采涉及复杂繁多的工序，导致风险评估构成要素多，且具有不确定性，易受环境恶化影响，多趋于动态化。非煤矿山安全系统构成要素复杂，风险也呈现复杂性、逻辑关联性、动态性的系统特点。复杂性表现在风险要素众多，不仅包括物质、工艺、设备等显性要素，还涉及组织、管理等隐性要素；逻辑关联性体现在风险要素间因果关联性，一个关键部位要素的失效可能引发连锁反应；动态性呈现在风险不是一成不变的，随着环境的变化、时间的推移，风险呈现一定的变化性和不确定性。因此，重新了解复杂系统风险认知结构，掌握一套显性、隐形、动态要素相结合的系统风险辨识评估模式，对于保障非煤矿山安全系统生产运营意义重大。

另外，工作环境恶劣、技术水平低、现场安全监管不到位、风险评估方法和理论进步不明显、安全管理制度落实不到位等也是造成矿山事故时常发生的重要原因。加上各阶段均存在不同程度、形式各异的风险，尤其在水文、地质条件复杂，人员密集区域，工艺要求高的矿山开采系统，潜在的风险更突出。多年的实践虽在风险评估与防控方面积累了一定经验，但由于对人员安全的要求不断提高，实际生产过程仍会遇到许多预想不到的问题，从而使作业过程中仍有风险。以往风险评估技术主要力求降低风险事件发生时损失程度，评估指标缺少对事前防控风险的固有指标考量，多数基于人员伤亡、经济损失及环境污染等事后影响要素，这些要素信息难以适时地描述或预测非煤矿山的实际情况，或因管理上的滞后从而引发风险事件。因此，研究风险辨识评估与管控的重点是要提前预知潜在的固有风险影响因素及系统化的风险评估体系，有必要探究一套系统化的风险指标分析与评估方法。

传统风险评估多为局部或单一事故类型风险点的研究，多应用于简单系统，且风险辨识与评估方法缺少普适性，对于复杂系统，忽略了企业生产过程的动态性，无法准确反映系统风险的实时动态变化。面对当前国家监管人员人数有限，监管技术有待提升的大背景，如何转变现有的非煤矿山监管模式，建立统一的风险辨识与评估模式，实施动态风险监管及针对性控制策略，实现对非煤矿山复杂系统多个事件风险点统一科学、高效的监管，成为亟待解决的问题。而将具有普适性的风险辨识与评估模式应用于智能监管在线信息平台，实现风险管控"一张网"监管模式能有效解决这一问题。鉴于此，以安全风险辨识和管控为基础，结合非煤矿山安全系统实际状况，从源头上系统辨识、评估、管控风险，提升企业的本质安全水平，紧抓薄弱环节，以防范重大风险为重点，减少较大风险、一般风险为辅，建立一套系统性风险辨识、评估与防控体系，是安全生产工作的一个重大课题。

按照传统基于人（人员）、物（物料、设备）、管（管理）三大理念，局部系统风险评估及整体静态风险评估为重点防范重大风险的管理思路已经不能适应当前安全生产的实际。而非煤固体矿山安全系统重大风险智能监管对整个区域、行业风险防控的需求逐渐增加，凸显了对实际状态风险防控的必要性和关键性。因此，有必要重新审视现有的风险评估方法，在保留传统评估方法优势的基础上，以一种全新视角提出基于系统安全属性的固有风险、初始风险、现实风险一体化的评估方法。深入研究重大风险认知路径，构建协同关联的风险评估指标体系，建立符合系统实际状态的静态风险评估、局部动态风险评估与可适时修正初始风险的现实风险评估模型，为我国非煤固体矿山安全系统智能监管信息平台提供理论与技术支撑，以达到防范重特大事故发生的目的，具有重要的理论意义和应用价值。

第二节　国内外研究现状分析

风险是一个复杂的问题，它存在于非煤矿山中的每个环节，会对生产、生活的诸多方面产生影响，随着人们对其探索，开始逐步深化对风险的认识。风险概念最早起源于意大利，17世纪时由法国传入英国，又在19世纪早期传入美国。在风险概念发展过程中，基于不同视角，对风险概念的理解也不同。早期，因对风险的概念并没有形成共识，在风险管理中遇到很多困难。吕多加等中国代表在澳大利亚悉尼召开的国际标准化组织（ISO）风险管理标准的工作小组会议上提出将风险定义为"不确定性的影响"。2009 年 ISO 发布《风险管理——原则与指南》，将风险以事件后果和发生可能性的组合来表达[1]，自此，开启了标准化风险管理的新起点。

目前学术界普遍认可的风险主要包括两个基本要素：一是风险活动或事件发生的潜在可能性；二是对生产产生不良或不利的后果。可知风险取决于损失发生的可能性及产生的后果。另外，国际上普遍将事故后果的严重性与发生概率的乘积视为风险大小[2,3]。

安全与风险的区别在于安全是可接受的风险，是系统中不存在不可接受的风险。可接受风险水平的确定取决于风险后果及概率，即风险量的大小、社会允许程度和风险控制所需的经济力量。因此需要根据一定的风险接受准则来评判系统存在的风险是否可以接受。在 *Railway Applications-The Specification and Demonstration of Reliability*，*Availability*，*Maintainability and Safety* (RAMS)（EN50126）标准中，推荐了三种国际上典型的安全风险接受准则，分别为德国的最小内源性死亡率原则（MEM）、法国的综合最优原则（GAM-AB）和英国的最低合理可行性准则（ALARP）。其中，英国健康和安全委员会（HSE）的 ALARP 准则在我国安全领域应用最为广泛。根据系统风险水平的大小，ALARP 准则将风险划分为三个区域：可忽略区、ALARP 区、不可容忍区。基于 HSE 的最低合理可行性原则，将可接受风险标准再分为可接受标准和可容忍标准，并约定无特殊说明，均指"可接受风险"。依据职业健康安全管理体系[4]要求将"可接受风险"取代"可容许风险"。

在风险可接受准则体系中，对风险的表征，依据考虑的后果不同分为个人风险和社会风险。个人风险指一个无防护的人永久待在某一地方，由于事故发生而死亡的可能性。其突出特质仅表示某一位置的风险，而与人的存在无关。因此，个人风险与距离风险源的远近有关，距风险源越近，个人风险越大。社会风险指给定人员遭受特定水平伤害的人数和发生频率之间的关系，突出特征除对直接受害者产生影响外，也对社会造成长期危害。从立场和风险度量两个角度将 ALARP 准则与风险可接受准则相对比，其可接受风险准则体系见图 1-1。

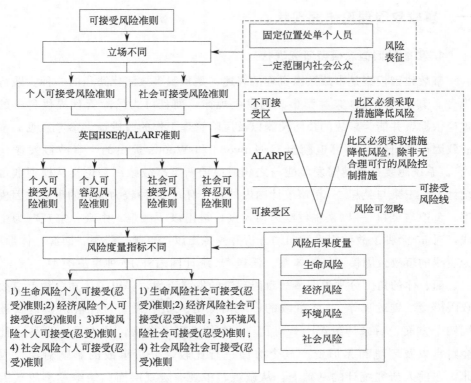

图 1-1 可接受风险准则体系

从风险概念可知结构化的表述主要包括风险源、风险因素、风险事件和风险后果四个要素。其构成关系,见图 1-2。风险基本组成要素为风险因素、风险事件、风险后果。

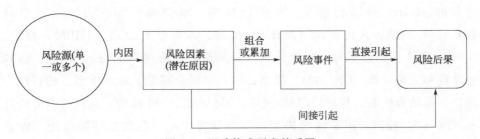

图 1-2 风险构成要素关系图

一、事故致因理论研究现状

1. 事故致因概念模型研究现状

事故致因模型是事故致因机理的表述，是预测事故演化路径的一种实践行为[5]，其不仅能反映某类型事故的发生规律，而且可为风险管理提供科学的理论依据，并能为事故的预防预测以及风险管理工作的改进提供参考意见。事故致因模型研究最早可追溯至 Greenwood 和 Woods 提出的"事故频发倾向论"。系统越复杂就越需发展能与之相适应的新型事故致因理论。从模型数量统计上，王秉与吴超[6] 粗略统计国内外至今有 50 余种较为成熟的事故致因模型；黄浪与吴超[7] 以系统粒度为切入点，提出以"微观、中观、宏观"为主线，对 50 余种事故致因模型归纳分析并提炼出以"点源、线源、面源、体源"为主线的事故致因模型结构体系。汪送[8] 统计国内外 12 种事故类型，从点、线、面、体的角度分类说明事故致因理论的发展历程，提出了认知—约束事故致因模型。樊运晓等[9] 将事故的影响对象分人员、设备、社会财富以及环境四个方面。后来傅贵等[10] 对比 10 种事故致因模型，从人员、设备、社会财富以及环境和无形资产五个方面进行比较，分析事故的影响对象。因此，在前人研究统计的基础上，从微观、中观、宏观层面归纳综述事故致因模型。

微观层面的事故致因模型是以发生在特定范围内的人或物，如以人或机为中心的、以人机交互为中心的事故致因模型，整体分为以人为中心和以能量为中心的事故致因模型[11]。以人为中心：事故频发倾向性理论、事故遭遇倾向性理论、Surry 的瑟利模型、劳伦斯模型、安德森模型、功能振荡事故（FRAM）模型、人的故障（MHM）模型、人的信息处理（HIPM）模型、Gordon 的人因调查工具、认知失误回顾和预测分析（TRACEr）模型、认知可靠性和失误分析（CREAM）模型、认知—行为模型、海尔模型、流行病学理论、推动力模型、芬兰（FM）模型、3M 模型、5M 模型、系统致因分析技术（SCAT）模型、事故潜势模型。以能量为中心：能量意外释放论、Wigglesworch 模型、能量观点的事故因果连锁模型、故障模式及影响分析（FMEA）模型、陈宝智的两类危险源理论、田水承的三类危险源理论、基于危险源的事故致因模型、黄浪的能量流系统模型、Benner 的"扰动"模型、突变模型。

中观层面的事故致因模型以企业或公司等组织系统为中心的事故致因模型，主要受企业组织外部的安全评价、安全设计、安全规划等因素的影响和组织内部的安全投入、安全培训、安全管理等因素的影响。中观层面分析的模型主要有：海因里希事故因果连锁理论、亚当斯事故因果连锁理论、博德事故因果连锁理论、北川彻三事故因果连锁理论、里森的瑞士奶酪（SCM）模型、轨迹交叉论、教育模型、"3E"对策理论、运转经验反馈系统（OEF）、调查分析（ATSB）模型、管理疏忽和风险树（MORT）模型、Bellamy 的重大事故防范金字塔（PyraMAP）模型、人—技术—组织分析（MTO）模型、人因分析与分类系统（HFACS）、行为安全"2-4"模型、三脚架法事故致因（Tripod-DELTA）模型、改进的三脚架模型、"认知—约束"模型、"树生"模型、流变—突变模型、缺陷塔模型。

宏观层面的事故致因模型是从社会学角度的事故致因理论对国家和社会等事故防控颇具指导价值。宏观层面的安全监管监察管理、行政审批管理等组织安全信息流，若摆脱了法制约束将会导致严重情况，如政府层面、监管机构决策失误导致安全信息缺失，引发组织内部安全信息流混乱、违规审批竣工验收等。对比微观层面的事故防控而言，企业对宏观层面的事故防控较少。宏观层面的致因模型主要有：Rasmussen 的社会技术系统事故致因模型、PAR 事故致因理论、Rasmussen 的风险管理框架（RMF）模型、Svedung 和 Rasmussen 的 AcciMap 模型、当代的 FDA 事故致因模型、基于安全信息流的事故致因模型、综合理论模型、C-S-R 事故致因模型、Leveson 的系统论事故致因（STAMP）模型。

2. 事故致因概念分类研究现状

事故致因的研究趋势整体上从"个体"层面向"组织"层面延伸、组织行为与个体行为到社会结构性失衡和物质流—能量流—信息流之间的转变，形成基于安全信息的事故致因模型及安全管理趋势。从事故影响注重的对象角度出发，关注事故发生后果的承受载体，承受载体的确定决定了事故致因的研究范围，进而决定了事故分析后防控措施的建立范围。随着社会的发展，人们对事故研究的不断深入，事故的影响对象也在不断补充与完善。对事故致因模型的大致归纳分类，见表1-1。

表 1-1　事故致因模型分类

事故致因模型名称	模型的组成			
	微观		中观层面	宏观层面
	人因	物因		
事故频发倾向性理论、事故遭遇倾向性理论、瑟利模型、劳伦斯模型、安德森模型、功能振荡事故（FRAM）模型、人的故障（MHM）模型、人的信息处理（HIPM）模型、Gordon 的人因调查工具、认知失误回顾和预测分析（TRAC-Er）模型、认知可靠性和失误分析（CREAM）模型、认知—行为模型、海尔模型、流行病学理论、推动力模型、芬兰（FM）模型、3M 模型、5M 模型、系统致因分析技术（SCAT）模型、事故潜势模型	1	0	0	0
能量意外释放论、Wigglesworch 模型、能量观点的事故因果连锁模型、故障模式及影响分析（FMEA）模型、两类危险源理论、三类危险源理论、基于危险源的事故致因模型、能量流系统模型、"扰动"模型、突变模型	0	1	0	0
海因里希事故因果连锁理论、亚当斯事故因果连锁理论、博德事故因果连锁理论、北川彻三事故因果连锁理论、瑞士奶酪（SCM）模型、轨迹交叉论、教育模型、"3E"对策理论、运转经验反馈系统（OEF）、调查分析（ATSB）模型、管理疏忽和风险树（MORT）模型、重大事故防范金字塔（PyraMAP）模型、人—技术—组织分析（MTO）模型、人因分析与分类系统（HFACS）、行为安全"2-4"模型、三脚架法事故致因（Tripod-DELTA）模型、改进的三脚架模型、"认知—约束"模型、"树生"模型、流变—突变模型、缺陷塔模型	0	0	1	0
社会技术系统事故致因模型、PAR 事故致因理论、风险管理框架（RMF）模型、AcciMap 模型、FDA 事故致因模型、基于安全信息流的事故致因模型、综合理论模型、C-S-R 事故致因模型、系统论事故致因（STAMP）模型	0	0	0	1

注："0"代表"无"；"1"代表"有"。

从表 1-1 中归类发现不同视角构建的事故致因模型逐渐偏向宏观范围的研究，宏观模型多涉及安全信息流传递的国家、政府层面的管控，宏观层面防控相比较于微观、中观层面，面向企业的防控显得不易直接操作。随着信息流对系统安全的影响，大数据、人工智能等融入人、机、系统关系的复杂性和耦合性日益凸显。从国家、政府政策的部署及倡导实施风险智能监测系统可以看出，从宏观层面管控不难实施。另外，从最初由事故频发倾向论阐述人为致因单一微观角度分析致因要素，再到博德事故因果连锁理论从中观层面诠释事故致因要素，再到当前的基于宏观系统分析致因因素，逐步专注于关键致因因素及安全信息流的影响。这样的事故致因理论一体化模式，对于复杂系统分析事故原因略显粗糙，若既有独立的微观致因理论分析事故后果程度，又有中观对策理论分析管理失控原因，还有宏观信息的动态调整，将会使得复杂系统分析事故致因的原因更具有层次化、透明化。因此，对于复杂系统，单一类型的事故致因模型或中观层面的事故致因因素缺少对系统分类的指代性。研究将从系统属性的微观层面、中观层面及宏观层面的关键动态指标对企业进行系统化梳理，追踪查找系统微观、中观、宏观层面致因因素的关联性。

二、风险辨识评估技术研究现状

（一）风险辨识评估技术国外研究现状

在矿山生产安全领域的风险管理研究中，欧美主要的发达国家一直处于领先地位，矿山事故的死亡率远远低于发展中国家。主要原因有三点：首先，具有专业化的技术支持部门。欧美、日本、澳大利亚等发达国等均设有国家层面的技术研究部门，支撑矿山安全技术研究[12,13]。美国1910年成立联邦矿产局，旨在对矿山爆破开采有关技术的推广与有关矿难的调查。1977年美国成立矿山安全与健康监局（MSHA），为矿产经营者提供风险评估模型，用以预防事故发生、建立风险响应模型用来在事故发生时及时处理事故。该部门下包括多家专业机构，对矿山安全与健康方面的问题进行研究。

其次，完善矿山安全相关的法律法规，可操作性很强。美国在1977年通过的《联邦矿业安全与健康法》规定：矿山企业要实行定期的安全检查；对矿山事故实行责任追究制，尤其是对伤亡事故追究刑事责任；对矿山进行突击安全检查，在安全检查之前为矿主通风报信的人员，都要被追究法律责任。同时，法律明确了安全监察人员和矿山生产设备供应商均负连带责任。安全监察人员出具包庇或者具有误导性的安全报告，为矿山提供不合格设备导致发生安全事故的设备生产厂家，都会受到法律制裁。在德国有一套完整的法律体系，从国家宪法到地方法律法规均对矿山安全作出了明确的规定。澳大利亚颁布的国家重大危险源控制标准，要求各州立法时必须要参照该标准。

最后，执法必严。美国的矿山安全生产监督机构不受其他机构制约，可进行独立调查，同时安全监察员会定期地更换工作地点。如果事故造成的死亡人数超过3人，联邦政府就会从其他地方派出人员进行调查，防止发生营私舞弊现象。安全检查人员有权利对不符合规定的矿山进行停产整顿，如果企业阻止调查与执法，则会受到法律的制裁。德国在矿山法律法规的执行上保持了他们的严谨作风。德国的安全监察部门会定期对矿山进行安全巡查，同时还会进行突击性的安全检查，对于存在危险隐患的矿山企业，安全监察部门都会责令其停止生产。1843 年英国就已经成立了矿山安全监察局，主要职责是对矿山生产进行监督检查，同时还会改进作业方法，参与制定矿山安全相关的法律法规。

1. 国外非煤矿山企业风险辨识技术研究现状

Garry 等[14] 使用证据权重法对铅锌矿附近的风险进行评估，列出矿体附近所存在的各种隐患，对事故发生的可能性进行分析，对矿体周围环境进行了系统研究。Giraud 等[15] 提出了两种通用的事件树来分析矿井提升机绳索的断裂以及运输工具的失控。研究结果表明，大多数钢丝绳失效的根本原因是安全钩的继发性故障。运输失控大多数根本原因是命令故障，这些命令故障会导致保持架在到达井道边界之前停止运转。辨别了矿井提升机产生风险的原因，并建议使用机械安全标准，以提高起重机械的可靠性。Anderson 等为了在澳大利亚乃至更广泛的范围内进行矿山复垦，提出了明确残余风险并建立管理剩余风险的机制，可以针对工程化矿山废料的寿命和耐久性制定出应对不同风险等级的标准。Vinnikov 等[16] 研究了在采矿环境中，暴露与肺功能受损的风险等级，通过对 41 个职业工人的 1550 次测试，发现钻孔和铣削作业是露天采矿中降低肺功能的最高风险工作，并建议这些职业的工人戒烟。Kossoff 等[17] 从尾矿库的材料特征、失效后果、环境影响以及尾矿库溃坝后的修复问题出发，对尾矿库的风险管理进行了系统研究。

2. 国外非煤矿山企业风险评估技术及风险预警研究现状

美国纳瓦霍拥有 523 个废弃铀矿（AUM）。Lin 等[18] 为了更好地了解整个废弃污染物暴露的空间动态，采用了地理信息系统（GIS）的多标准决策分析（MCDA），并通过模糊逻辑（FL）和层次分析法（AHP）建立模型来说明 AUM 污染的可能性。该模型将纳瓦霍族 20.2% 的区域划分为潜在的 AUM 污染地区，而 65.7% 和 14.1% 的区域处于中等风险和低风险地区。这项研究减少了人类对 AUM 废物的接触。地下采矿被认为是最危险的行业之一，通常会导致与工作有关的严重死亡事故。Gül 等[19] 提出了一种风险评估方法（毕达哥拉斯模糊环境），并在地下铜锌矿山中进行了案例研究，通过折中的模糊方法解决方案将危险分为不同的风险级别，同时考虑风险管理的潜在危害并提供建议，有助于提高地下采矿的总体安全水平。Yolcubal 等[20] 研究了尾矿坝蓄水的失控释放所产生的风险，认为采矿和工业加工场所的蓄水和高含水量废物可能对公共安全和环境构成威胁，常规大坝的风险评估已经从定性筛选方法演变为定量分析工具。Aghababaei 等[21] 提出了一种基于岩石工程系统（RES）的顶板破坏机制风险评估模型。提出的模型用于确定最可能的顶板破坏机理、有效因素、损伤区域和补救措施。在相同条件下的长壁工作面上进行采矿作业之前，该模型可以作为识别损伤区域的有用工具。Salgueiro 等[22] 对地中海的尾矿库事故进行了研究，基于 EcoRisk 统计中的事前与事后数据，对尾矿库溃坝风险进行了风险评估。

（二）风险辨识评估技术国内研究现状

1. 国内非煤矿山企业风险辨识技术研究现状

王月根[23] 通过风险程度分析法（MES），利用检查条款及相关的标准规范等，对已知的危险属性、存在不足和作业条件、人员操作以及作业管理过程中可能存在的危险因素加以识别和分析。张吉苗[24] 采用工作场所风险评估法，以工作场所为单元，确定"场所—场所内设备—与设备有关的检维修任务"的辨识路线，保障危险源辨识的全面性，以约定层级划分为基础，合理分配管控责任。姜立春等[25] 通过分析传统辨识模型中存在的不足，提出了基于工作分解结构（WBS）与 R-SHEL（Software，软件；Hardware，硬件；Environment，环境；Livewire，生命）相结合的风险因素辨识分析模型，将系统的不安全事件作为切入分析点，实现风险因素的全面辨识。

徐克等[26] 从高风险设备、高风险工艺、高风险场所、高风险物品和高风险作业五点对高风险因素进行辨识，明确辨识重点防控对象。姜立春等从人员、设备、环境、管理、物质 5 种因素出发，对露天矿危险源进行辨识，建立风险指标评价体系。陈述等基于三类危险源理论：能量载体、包括环境因素和个体人的失误在内的物的故障、不符合安全的组织因素三大方面，对矿山顶板事故风险进行分析和分类，深层解析事故的特征和诱发原因，对危险源进行辨识。

2. 国内非煤矿山企业风险评估技术研究现状

肖德英等[27] 采取危险源控制系数、危险源危险系数分别与事故可能造成的财产损失和事故影响范围最多的作业人数相乘，得到矿井最大预测可能造成的经济损失和最大预测可能造成的死亡人数，并根据矿山危险源等级评价表评判等级。张健[28] 利用 LEC 作业条件危险性评价评估法，通过半定量的方式对危险事件进行评估，对非煤矿山的爆破事故、提升运输事故、中毒窒息、爆炸事故等危险因素进行了评价。李全明等[29] 从非煤矿山现场安全管理和固有风险两方面建立非煤矿山安全评估方法，针对非煤矿山安全管理和固有风险进行更加全面地掌握和评价。聂兴信等提出改进的物元可拓法评定企业的风险，用隶属度函数来标准化物元量值，同时引入中间变量简化公式，采用变权理论和改进权熵结合的方法确定指标权重。王石等[30] 利用云模型和改进的 CRIT-IC 法，通过云模型确定数字特征，计算各指标相对应不同风险等级确定度，结合指标权重得出待评估对象隶属于不同风险等级下的综合确定度。

陈述等[31] 建立灰色聚类—区间层次分析法（IAHP）的风险评价模型，通过区间层次分析法构建评估对象层次结构体系，利用区间数特征根法求得指标权向量，利用灰色聚类法计算事故风险的综合评估价值。张吉苗等首先采用定性评估法找出重大危险源和频发危险源，根据危险源发生失效事件的可能性和后果严重度将危险源分类，其次采用半定量风险评估法确定其他不可承受的风险。

3. 国内非煤矿山企业风险预警研究现状

冉霞等[32] 通过 RFID 技术来实现数据采集和智能感知。通过采集的感知数据，设计了基于 TD-SCDMA 的通信协议，实现了有效的信息采集与感知。丁日佳等设计了 AHP-IE-MEA 预警模型，对矿山风险预警划分五个预警区间，通过集成赋权法综合主客观赋权法构建线性加权的集成赋权模型，利用物元可拓模型评价预警等级。王道元等采用改进 PSO 智能数据筛选模型，使用 PSO 算法筛选数据，利用改进的 CNN 智能风险分级模型对矿山安全风险进行智能分级管控和信息预警。

念其锋等[33] 从"人—机—环境—管理"四个方面构建矿山安全生产风险预警指标，应用 PNN 概率神经网络构建安全生产风险综合预警模型。任晓会等基于 L-SHEL 层次结构的综合风险预警指标体系，确定用隶属度表征单因素评判结果的方法，建立了借助模糊推理原理实现预警功能的综合风险预警模型，引入神经网络，建立基于误差逆转传递实现风险数据学习和预测功能的风险预警模型。昝军等以矿山自动化安全预警控制系统为基础，针对重大危险源预警终端系统，通过整合矿山原有重大危险源动态监控变量值、巩固人员行为动态指标录入值、静态指标三个数据源，实现重大危险源的智能预警。

三、风险管控体系研究现状

（一）风险管控体系国外研究现状

Kalenchuk[34] 决定在 Pinos Altos 矿山的 SantoNiño 矿体使用井下雷达系统进行地质力学监测以及在地下的大量钻孔中安装引伸计，用于监测地面变形。将监测数据用于校准数值模型，为仪器程序的设计提供了条件，同时仪器也为模型验证和采场设计调整提供了宝贵的数据。Mai 等[35] 基于克里金法量化地质条件导致的不确定性风险。提出了一个新的矿山设计优化模型，并且将该模型应用于多元素矿床，结果表明基于克里金法的矿山计划不太可能达到生产目标。Carpentier 等提出了一种随机整数规划（SIP）模型，以在考虑地质不确定性的情况下优化地下矿山开采的长期调度。在考虑和管理等级风险时，生成的进度表具有更高的期望值，并且演示了使用此方法进行风险控制的好处。Martin 等[36] 在对尾矿库管理方法研究基础上，从上游式筑坝过程、尾矿库蓄水、矿砂脱水、尾矿库综合管理等方面提出了综合改进方法。Castillo 等[37] 提出了一种混合整数规划公式，该公式可有效地优化采矿生产率低下时的风险，从而在地质不确定性的情况下满足生产目标和降低采矿风险。

（二）风险管控体系国内研究现状

廖国礼等[38] 借鉴现代安全管理体系理论，提出三维预防安全（IBES）管理体系理论及其模型，将矿山企业划分为行为安全、本质安全和保障安全三个维度，对矿山风险进行管控。张长春等针对安全生产领域生产过程中的安全漏洞提出双重预防机制为内在机制，对金属矿产地质勘查单位进行安全风险分级管控。任晓会[39] 应用 C++ 平台的 MFC 标准类库及 ADP 接口技术对矿山系统进行了风险管理，通过调用数据库能够有效地实现基础信息、应急信息等的动态管理。丁焱等[40] 针对危险有害因素的具体情况及法规要求消除危险源，其次是降低风险和控制残余风险，再次是考虑整体防护和个体防护的原则进行风险管控。姜传军[41] 根据安全风险分级结果，明确各等级安全风险对应的企业、车间、班组和岗位人员的管控责任，形成企业安全风险分级管控表，建立岗位风险管控的核心。昝军等[42] 结合矿山"一案三制"应急管理体系建设的核心内容，进一步加强对非煤地下矿山安全风险分级管控和建立隐患排查治理双重预防性工作机制。

四、研究现状问题分析

综观国内外关于风险辨识、指标分析、评估模型的相关研究，越来越多的学者基于不同的视角开展研究，采用的分析方法各异，虽然为风险管理与防控提供了一定的理论及技术支撑，但总体来看，在以下方面仍值得进一步研究。

（1）传统的事故致因模型多侧重于微观层面或中观层面的研究，安全信息技术在当代安全管理或监管中的应用与作用日益突出。面对事故致因理论一体化模式，对复杂系统的事故致因分析略显粗糙，有必要探究复杂系统的微观层面的风险后果程度和中观层面管理失控的原因，及宏观信息的动态影响进行系统化梳理，追踪查找系统微观、中观、宏观层面致因因素的关联性。

（2）风险因素的识别基本上处于定性研究和理论分析的阶段，也就是理论分析直接罗列风险指标。且风险评估指标多集中在人员伤亡、经济损失、环境污染等视角分析风险事件的后果严重性，缺少对系统固有属性指标分析，与风险注重事前防控有所偏离。且以往的研究大多针对企业内部或局部系统运行阶段进行风险辨识分析，缺少对系统属性与管理状态指标的系统化分析与研究，对指标体系的构建也缺少结构化的描述及实证检验。

（3）现有的评估方法大部分为静态评估方法，在实际应用中存在一定的局限性，多应用于简单系统，且涉及宏观层面的动态风险评估研究较少，针对复杂系统的风险评估缺少可应用于多个局部系统并能体现系统整体动态性风险的评估方法。因此，在系统风险认知与系统安全属性指标分析的基础上，有必要探讨一种适用于非煤矿山复杂系统局部静态、动态及整体系统动态调控的风险辨识理论与评估方法，注重要素之间的传递、动态反馈作用，使安全风险辨识与动态评估的研究显得更有应用价值，为实现非煤矿山安全系统风险在线动态管控平台提供参考。

针对非煤矿山安全系统风险评估模型多以局部系统风险辨识评估为主，较少涉及系统属性静态特征随局部管理状态变化以及系统整体动态风险的评估模式，且缺少应用于多个局部系统并实现对系统整体动态反馈的方法，本书重点开展了非煤矿山安全系统风险辨识、评估、分级和日常动态监管有机结合的一体化风险管理模式研究，通过建立非煤矿山系统属性风险与动态风险聚合的现实风险评估理论与方法，实现非煤矿山安全系统风险分级与风险动态管控的双重目标。

第三节　非煤矿山重大事故案例与分析

一、重大事故案例统计分析

通过中国安全生产年鉴非煤固体矿山重特大事故案例统计，结合文献、网站资源，对非煤地下矿山、露天矿山及尾矿库近20年（截至2021年10月）重特大事故案例进行统计分析[43,44]。

（一）地下矿山典型事故案例统计分析

2000年1月—2021年10月，地下矿山共发生31起重特大事故（重大事故、特别重大事故），其中特大事故4起，重大事故27起，共导致642人死亡，如表1-2所示。

表 1-2　地下矿山典型事故案例统计

序号	事故时间	事故地点	事故形式	事故发生主要原因	死亡人数（含失踪）
1	2000.12.11	广西壮族自治区百色市龙川镇后龙山金矿	冒顶片帮	当地少数群众不顾政府禁令，偷挖政府已多次炸封严禁开采的金矿洞内，造成在洞内有大面积采空区，在进入矿洞内后，见矿挖矿，把原留有的五条矿柱挖掉，这是导致大塌方事故的主要原因	20人死亡
2	2001.11.2	四川省甘孜州丹巴县铂镍矿	炸药爆炸	爆破工违反民用爆炸物品管理规定，在工棚内放置爆炸物品并吸烟，引发房间内炸药爆炸	12死亡，1人失踪
3	2001.5.18	广西壮族自治区合浦县恒大石膏矿	冒顶片帮	主要巷道不进行整体有效支护，护巷矿柱明显偏小，矿房矿柱尺寸不一致。随着采空面积不断增加，在围岩遇水而强度降低情况下，首先在局部应力集中处产生冒顶，之后出现连锁反应，导致北翼采区多处大面积顶板冒落，最终导致通往三水平北翼作业区所有通道坍塌、堵死	29人死亡

序号	事故时间	事故地点	事故形式	事故发生主要原因	死亡人数（含失踪）
4	2001.7.9	贵州省天柱县龙塘金矿	透水	与事故矿井相邻已停产的 8 个矿井积水几万立方米，并相互贯通，发现有透水预兆，没有采取撤离、避让等安全措施；事故矿井巷道与相邻矿的巷道安全距离不够，在水压作用下，酿成透水事故	18 人死亡
5	2001.7.17	广西壮族自治区南丹县大厂矿区	透水	恒源矿及其连通的拉甲坡矿 9 号井 1、2 号工作面标高 −110m 以下采空巷道均被水淹，并与老塘积水相连通。恒源矿最底部 −167m 平巷顶板与拉甲坡 9 号井 −166m 平巷 3 号工作面之间的隔水岩体最薄处仅为 0.3m，在 57m 的水头压力作用下已处于极限平衡状态。拉甲坡 9 号井两次实施爆破，使隔水岩体产生脆性破坏，形成一个长径 3.5m、短径 1.2m 的椭圆形透水口，高压水急速涌入与此相通的几个井下作业区，导致特大透水事故发生	81 人死亡
6	2001.8.20	湖南省邵东县石膏矿二井	透水	乡镇矿山开采既无设计资料，又没有按要求进行掘进测量绘图。原老井被水淹没后，终止点的坐标不明，不能科学地判断采场与积水区之间的安全距离。在接近积水区时，直至有水迹浸湿痕迹才意识到要停止开采。隔水矿柱已经很小，二十多天前之所以没有当即透水，是由于当时的隔水矿柱的抵抗力与积水压力处在极限平衡状况下，随着浸水的逐步加大，石膏遇水后结构强度降低，隔水矿柱的抵抗力逐步下降，当下降到一定程度时，平衡遭到破坏，在积水压力的作用下，冲开隔水矿柱造成了透水事故	10 人死亡
7	2002.4.6	陕西省蓝田县辋川乡中国核工业集团 794 矿	中毒与窒息	3 名矿工在放炮后未进行通风的情况下进入工作面作业，造成炮烟中毒，而后 9 人盲目进入危险区域进行抢救工作，扩大了伤亡	12 人死亡，其中 9 人为救援人员
8	2002.6.2	山西省繁峙县义兴寨金矿区	火灾、炸药爆炸	井下作业人员违章用照明白炽灯泡集中取暖，时间长达 18h，使易燃的编织袋等物品局部升温过热，造成灯泡炸裂引起着火，引燃井下大量使用的编织袋及聚乙烯风管、水管，火势迅速蔓延，引起其他巷道和井下炸药库燃烧，导致炸药爆炸。在爆炸冲击波作用下，风流逆转，燃烧、爆炸产生的大量高温、有毒、有害气体进入三部平巷等处，造成井下大量人员中毒窒息死亡	38 人死亡

序号	事故时间	事故地点	事故形式	事故发生主要原因	死亡人数（含失踪）
9	2003.4.29	湖南省郴州市北湖区鲁塘镇积财石墨矿	透水	积财石墨矿主井、风井及上部的兴源矿、邻近的立功背煤矿因洪灾被淹，加上过去废弃的老窑积水，积财石墨矿处于水体包围中，仅靠矿井之间的20多米矿柱隔水。在没有采取任何探放水措施的前提下组织井下采掘活动，由于洪水浸泡后又受到开采影响，隔水矿柱遭到破坏，老窑水突然涌入，导致透水事故	15人死亡
10	2004.6.16	湖北省黄石市阳新县鹏凌矿业有限公司	透水	该矿区岩溶特别发育，水文地质环境复杂，废弃老窑大量充水，加之事故发生前强降雨，地下承压水动水水压增大，穿透－193m Ⅳ号矿体采空区，导致事故的发生	11人死亡
11	2004.11.20	河北省邢台市沙河市白塔镇章村李生文联办一矿	火灾	焊割下的高温金属残块渣掉落在井壁充填护帮的荆笆上，造成长时间阴燃，最后引燃井筒周围的荆笆及木支护等可燃物，引发井下火灾	70人死亡
12	2005.11.6	河北省邢台尚汪庄石膏矿	冒顶片帮＋地表塌陷	尚汪庄石膏矿区开采已十多年，积累了大量未经处理的采空区，形成大面积顶板冒落的隐患；矿房超宽、超高开挖，导致矿柱尺寸普遍偏小；无序开采，在无隔离矿柱的康立石膏矿和林旺石膏矿交界部位，形成薄弱地带，受采动影响和蠕变作用的破坏，从而诱发了大面积采空区顶板冒落、地表塌陷事故	33人死亡，4人失踪
13	2006.8.19	湖南省石门县天德石膏矿	冒顶片帮	积累了大量未经处理的采空区，形成大面积顶板冒落的隐患；因稳定性差老采空区突然发生大面积整体坍塌	6人死亡，4人失踪
14	2007.1.16	内蒙古自治区包头市东河区壕赖沟铁矿	透水	矿方既未执行开发利用方案，也未按照采矿设计进行采矿，致使采空区顶板应力平衡遭到破坏，引发采空区顶板的岩层移动。在冒落、导水裂隙、地层压力、静水压力等诸多因素的综合作用下，造成矿体顶板垮落，使第四系的水、泥沙涌入矿井，造成透水事故	29人死亡
15	2008.6.25	安徽省芜湖市繁昌县马钢集团桃冲铁矿	地表塌陷	当地百姓进入塌陷区范围内盗采造成地表塌陷	12人死亡

续表

序号	事故时间	事故地点	事故形式	事故发生主要原因	死亡人数（含失踪）
16	2009.7.11	河北省河北钢铁集团矿业有限公司石人沟铁矿	炸药爆炸	导爆管雷管在裸露运送途中造成导爆管破损，破损的导爆管雷管在无防爆设施的躲避硐室内发放，遇到漏电产生的电火花引发导爆管雷管爆炸，继而引发炸药爆炸	16人死亡
17	2009.10.8	湖南省冷水江市锡矿山闪星锑业有限责任公司南矿	坠罐	提升机超员提升，调绳离合器处于不正常啮合状态，闭合不到位，调绳离合器的联锁阀活塞销不在正常闭锁位置，无法实现闭锁功能，提升机在运行过程中，游动卷筒内齿圈轮齿对调绳离合器齿块产生的向心推力，通过已倾斜的连板推动移动毂，导致提升机在运行过程中调绳离合器脱离，造成游动卷筒与主轴脱离，失去控制，罐笼和钢丝绳在重力等因素的作用下，带动卷筒高速转动，迅速下坠；事故状态下制动器所产生的制动力矩不足以制动超速下行的罐笼	26人死亡
18	2010.7.20	湖南省湘西州花垣县锰矿区	透水	在掘进过程中，锰矿与邻近的花垣县中发锰业公司巷道贯通，已停产4个月左右的中发锰业公司巷道内有约3万立方米积水，大量积水迅速涌进磊鑫公司锰矿巷道，造成现场施工人员8人被困。因磊鑫公司锰矿与另一相邻的文华锰业公司也相通，又造成文华锰业公司5名作业人员被困	10人死亡
19	2010.8.6	山东省烟台市招远市玲南矿业有限责任公司罗山金矿	火灾	盲竖井铠装低压电缆因质量不合格，在使用中发热老化，达到一定程度后，在12中段下方60m断点处绝缘层被电流击穿，发生短路，产生电弧，引燃自身及靠近的玻璃钢隔板	16人死亡
20	2011.7.10	山东省潍坊市昌邑正东矿业有限公司盘马埠铁矿	透水	没有按照设计要求对历史上遗留的地表露天采坑进行填平处理，违规向露天采坑内排放尾矿，违规开采保安矿柱，造成保安矿柱远小于设计尺寸，致使保安矿柱冒落，露天采坑中的尾矿和积水溃入井下	23人死亡
21	2012.3.15	山东省临沂市兰陵县鲁城镇济钢集团石门铁矿	坠罐	井口信号工违章操作，在摇台未完全抬起、安全门未关闭的情况下，向提升机司机发出开车信号，致使罐笼上端被卡在井口进车端焊接在摇台的压接板上。提升机继续运行，松绳约66m后，罐笼开始向下坠落，至钢丝绳拉断瞬间受到的冲击力是其破断拉力的5.9倍，钢丝绳被拉断。钢丝绳出绳口临时安装的防寒防尘挡板使松绳保护装置失效；防坠装置日常维修保养不到位，防坠抓捕机构传动装置不灵活，没有起到防坠作用	13人死亡

续表

序号	事故时间	事故地点	事故形式	事故发生主要原因	死亡人数（含失踪）
22	2013.1.14	吉林省桦甸市老金厂金矿	火灾	在老牛槽区二段盲竖井−483～−486m间进行焊割安装钢支护作业时，掉落的金属熔化物（焊渣和熔珠）造成井筒衬木阴燃，导致发生火灾	10人死亡
23	2013.5.23	山东省埠东黏土矿	透水	埠东黏土矿非法盗采已关闭的原埠村镇一号煤矿残留煤柱，导致老空区积水溃入工作面	9人死亡，1人失踪
24	2013.7.23	陕西省渭南市澄城县硫黄矿	火灾	该矿在2008年2月非煤矿山安全生产许可证到期未能延期换证的情况下，以改造完善硫铁矿生产系统为名，私自建设另一套采煤生产系统，长期、非法盗采煤炭资源，最终酿成井下重大火灾事故	9人死亡，1人失踪
25	2015.12.17	辽宁省葫芦岛市连山区连山钼业集团兴利矿业有限公司钢屯钼矿	火灾	风井井巷钢棚支护施工过程中，作业人员在电焊作业时引燃木背板，致使用于接帮和接顶的木背板燃烧，产生的一氧化碳等有毒有害气体经风井与副井之间的旧巷和冒落的老空区形成的漏风通道进入副井，造成人员伤亡	17人死亡
26	2015.12.25	山东省临沂市平邑县万庄石膏矿区	冒顶片帮	采空区经多年风化、蠕变，采场顶板坍塌不断扩展，使上覆巨厚石灰岩悬露面积不断增大，超过极限跨度后突然断裂，灰岩层积聚的弹性能瞬间释放形成矿震，引发相邻玉荣石膏矿上覆石灰岩坍塌，井巷工程区域性破坏，是造成事故的直接原因	1人死亡，13人失踪
27	2016.8.16	甘肃省张掖市酒钢集团宏兴钢铁股份有限公司西沟石灰石矿	火灾	斜坡道上部外包施工单位采用气焊处理冒顶作业，导致充填竹跳板、草垫和原木混合材料着火产生浓烟，造成9人中毒窒息死亡，企业盲目施救，又造成3名救援人员死亡	12人死亡，其中3人为救援人员
28	2018.6.5	辽宁省本溪市南芬区本溪龙新矿业思山岭铁矿	炸药爆炸	施工单位在向井下转运爆炸物品的过程中，施工人员向装有炸药的吊桶内扔掷雷管，雷管与吊桶内壁发生碰撞，导致雷管爆炸，进而引发炸药爆炸	14人死亡

续表

序号	事故时间	事故地点	事故形式	事故发生主要原因	死亡人数（含失踪）
29	2019.2.23	内蒙古自治区西乌珠穆沁旗银漫矿业有限责任公司	井下运输事故	外包工程施工单位违规使用未取得矿用产品安全标识、采用干式制动器的报废车辆向井下运送作业人员。事故车辆驾驶人不具备大型客运车辆驾驶资质，驾驶事故车辆在措施斜坡道向下行驶过程中，制动系统发生机械故障，制动时促动管路漏气，导致车辆制动性能显著下降。驾驶人遇制动不良突发状况处置不当，误操作将挡位挂入三挡，车辆失控引发事故。事故车辆私自改装车厢内座椅、未设置扶手及安全带，超员运输，加重了事故的损害后果	22人死亡
30	2021.1.10	山东省五彩龙投资有限公司栖霞市笏山金矿	炸药爆炸	企业井下违规混存导爆管雷管、导爆索和炸药，井口违规动火作业	10人死亡，1人失踪

近 20 年，我国地下矿山重特大事故起数维持平稳趋势，死亡人数呈现缓慢下降趋势，如图 1-3 所示。重特大事故基本每年都有发生，只有 2014 年、2017 年和 2020 年未发生重特大事故，表明地下矿山重大事故尚未得到完全遏制。

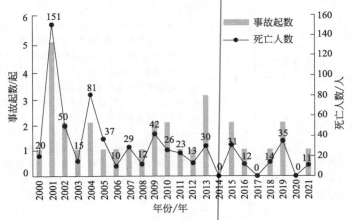

图 1-3　地下矿山历年重特大事故统计

地下矿山重特大事故类型主要为透水、火灾、冒顶片帮、炸药爆炸、坠罐等。如果发生上述事故，很有可能造成严重的人员伤亡和经济损失。其中透水、火灾和冒顶片帮三种类型事故，事故起数和死亡人数共占总数的 70% 和 78%，且均发生 1 起恶性的特别重大事故，如图 1-4 所示。

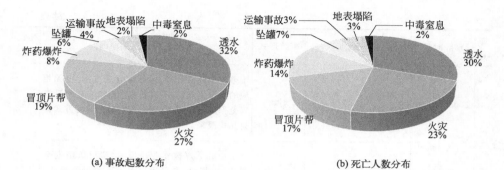

图 1-4 地下矿山不同事故类型事故起数和死亡人数分布

（二）露天矿山典型事故案例统计分析

2000—2021 年 10 月，我国露天矿山共发生 8 起重特大事故，其中特别重大事故 1 起，重大事故 7 起，共导致 174 人死亡，如表 1-3 所示。

表 1-3 露天矿山典型事故案例统计

序号	事故时间	事故地点	事故形式	事故发生的主要原因	死亡人数
1	2001.7.30	江西省乐平市市座山采石场	坍塌	采用下部爆破掏空、上部崩落的开采方法，引起山体坍塌	28
2	2001.9.6	贵州省六盘水市新窑乡个体采石场	滑坡	关种田大坡岩层组合层面有 2～5 mm 泥岩软弱夹层，且溶蚀裂隙发育，雨水入浸，降低泥岩夹层的抗剪强度。同时，大坡顺向坡一侧的坡脚地带，在修路和多年的采石场开采过程中，形成一定放坡角度的临空面，大坡两侧采石作业，破坏了整个滑坡体的暂时稳定，导致滑坡	15
3	2001.12.28	浙江省富阳区塘头石灰厂矿山	坍塌	1. 距塘头石灰厂现采矿场西南部非工作帮 10 余米的原采矿场，因历史开采原因，上部前倾，形成阴山坎，造成事故隐患。事故发生前，塘头石灰厂的矿山在距阴山坎较近的地方采用扩壶爆破，振动诱发岩体失稳，造成大面积坍塌。 2. 塘头石灰厂矿山作业现场管理混乱，事故发生前，现场没有管理人员，随意让厂外人员进入采矿场装运宕渣。这些无组织、无安全常识的村民，对坍塌的征兆难以察觉，不能及时撤离，是造成众多人员伤亡的主要原因。 3. 发生坍塌的山体地质构造较复杂，节理较发育，且近期雨水较多，寒冷冰冻，使岩体节理面内聚力减小；加之塘头石灰厂和范家坞石灰厂的矿山长期采用扩壶爆破方式开采，影响岩体稳定性，也是发生坍塌事故的原因	10

续表

序号	事故时间	事故地点	事故形式	事故发生的主要原因	死亡人数
4	2003.11.12	贵州省兴仁县城关镇砂石场	坍塌	砂石场违法开采，无任何开采方案，也无相应的安全措施，在不具备安全生产条件和没有安全保障的前提下，采用挖"神仙土"的方式擅自私挖滥采	11
5	2004.10.18	四川省宇通矿山	放炮	矿山开采爆破作业违反了《建材矿山安全规程》的规定，未采用自上而下的台阶作业，实施的是不再采用的危险陡壁硐室爆破开采方式，且爆破没有进行规范的爆破设计，也无施工作业方案，爆破矿岩量过大，对岩体原有裂隙扩张产生直接或间接影响，造成岩体坍塌	14
6	2008.8.1	山西省娄烦县太钢尖山铁矿	排土场坍塌	排土场边坡不稳定，明显处于失稳状态；不利的地形条件。产生移动的黄土山梁位于1632平台坡脚的东南部，北、东、南三面为沟谷，形成较为孤立的山梁。排土场地基承载力低。降水影响边坡稳定性。扒渣捡矿降低边坡稳定性	45
7	2010.4.7	四川省乐山市采石场	滑坡	开采区界外左侧山体发生坍塌，扯动开采区上方，导致高度二三十米、总量约25万立方米的滑坡	14
8	2012.8.27	广东省清远市英德市龙山采石场	炸药爆炸	炸药配送车卸货操作违规	10

近20年，我国露天矿山事故起数控制较好，只有2001年发生超过1起事故，特别是2013年以来，我国露天矿山未发生重大事故，如图1-5所示，表明我国露天矿山重大事故遏制效果较好。

露天矿山重大事故类型主要为滑坡/坍塌、排土场坍塌、炸药爆炸、放炮。如果发生上述事故，很有可能造成严重的人员伤亡和经济损失。其中边坡滑坡/坍塌事故起数和死亡人数共占总数的62％和53％，主要发生在小型露天采石场，如图1-6所示。排土场坍塌虽然只发生1起，但造成了45人死亡。

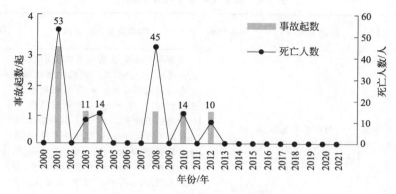

图 1-5　露天矿山历年重大事故统计

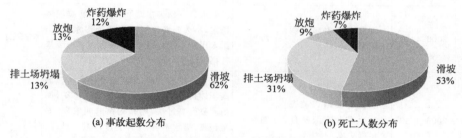

(a) 事故起数分布　　　　　　　　　(b) 死亡人数分布

图 1-6　露天矿山不同事故类型事故起数和死亡人数分布

（三）尾矿库典型事故案例统计分析

尾矿库重特大事故发生频率相对较少，所造成的人员伤亡差别较大，造成群死群伤事故的基本为溃坝事故，且往往造成严重的环境破坏和经济损失，本书统计了较大以上溃坝事故 9 起，如表 1-4 所示。

2000—2021 年，我国尾矿库共发生 8 起较大以上事故，其中特别重大事故 3 起，重大事故 2 起，较大事故 3 起，共导致 416 人死亡，如表 1-4 所示。

近 20 年，尾矿库溃坝事故时有发生，事故发生频率相对于地下矿山较低，但一旦发生极有可能酿成重特大事故，单起事故平均死亡率达到了 52 人。特别是 2008 年山西省襄汾新塔矿业尾矿库，造成了 277 人死亡，是近 20 年来我国非煤矿山发生的最严重生产性事故。

表 1-4　尾矿库典型事故案例统计

序号	事故时间	事故地点	事故形式	事故发生主要原因	事故后果
1	2000.10.18	广西壮族自治区南丹县鸿图选矿厂尾矿库	溃坝	初期坝不透水,在初期坝与后期堆积坝之间形成一个抗剪能力极低的滑动面尾矿库长期人为蓄水过多,干滩长度不够,致使库内尾砂含水饱和、坝面沼泽化,坝体始终处于浸泡状态而得不到固结,严重违反基本建设程序,审批把关不严;企业急功近利,降低安全投入,超量排放尾砂,人为使库内蓄水增多;尾砂粒径过小,导致透水性差,不易固结;业主、从业人员和政府部门监管人员没有经过专业培训,安全意识差。安全生产责任制不落实,未及时发现隐患	28人死亡
2	2006.4.23	河北省迁安庙岭沟铁矿尾矿库	溃坝	附近另一铁矿在库下游开采,影响坝体稳定,不久前发现尾矿库向外渗水,矿山派人用铲车和运输车、打眼机到半山腰修补尾矿堤坝,修补过程中发生溃坝	6人死亡
3	2006.4.30	陕西省商洛市镇安县黄金矿业有限责任公司尾矿库	溃坝	无正规扩容设计,未经批准违法实施加高坝体扩容工程;违规超量排放尾矿,库内尾砂升高过快,尾砂固结时间缩短;安全超高、排水不畅,干滩长度严重不足;忽视库区周边安全管理,下游民房离尾矿库过近	22人死亡,17人失踪
4	2007.5.18	山西省宝山矿业有限公司尾矿库	溃坝	尾矿库排洪管断裂,回水侵蚀坝体,导致坝体逐步松软并最终溃塌;企业未按设计要求堆积子坝,擅自将中线式筑坝方式改为上游式筑坝方式,且尾矿坝外坡比过陡规定要求,造成坝体稳定性降低;企业安全投入不足,未按规定铺设尾矿坝排渗反滤层;在增加选矿能力时,没有按要求对尾矿排放进行安全论证	未造成人员伤亡,直接经济损失达到4000万元
5	2007.11.25	辽宁省海城西洋鼎洋矿业有限公司尾矿库	溃坝	擅自加高坝体,改变坡比,造成坝体超高、边坡过陡,超过极限平衡,致使最大坝高处坝体失稳,引发深层滑坡溃坝。设计单位管理不规范、建设单位严重违反设计施工、施工单位管理混乱、监理单位失职、验收评价机构不认真、不负责,安全生产许可工作审查把关不严	13人死亡,3人失踪

续表

序号	事故时间	事故地点	事故形式	事故发生主要原因	事故后果
6	2008.9.8	山西省襄汾新塔矿业尾矿库	溃坝	新塔公司非法违规建设、生产，致使尾矿堆积坝坡过陡。采用库内铺设塑料防水膜防止尾矿水下渗和黄土贴坡阻挡坝内水外渗等错误做法，导致坝体发生局部渗透破坏，引起处于极限状态的坝体失去平衡、整体滑动，造成溃坝。新塔公司无视国家法律法规，非法违规建设尾矿库长期非法生产，安全生产管理混乱。地方各级政府有关部门未依法履行职责，对新塔公司长期非法采矿、非法建设尾矿库和非法生产运营等问题监管不力，少数工作人员失职渎职、玩忽职守。地方各级政府贯彻执行国家相关政策和法律法规不力，未依法履行职责，领导干部失职渎职、玩忽职守	277人死亡，4人失踪
7	2010.9.21	广东省信宜紫金矿业尾矿库	溃坝	尾矿库排水井在施工过程中被擅自抬高进水口标高，企业对尾矿库运行管理不规范；尾矿库设计标准水文参数和汇水面积取值不合理致使尾矿库防洪标准偏低	18人死亡，25人失踪
8	2017.3.12	湖北省黄石市大冶铜绿山矿尾矿库	溃坝	坝体质量存在问题，事故造成溃口约200m，下泄尾矿约20万立方米，淹没下游鱼塘近400亩	造成2人死亡，1人失踪

二、典型事故案例

以下重点列出了冒顶片帮、透水、井下火灾、坠罐、排土场坍塌、放炮、边坡滑坡、尾矿库溃坝各1例非煤固体矿山后果最严重的典型事故案例信息[45]。

可以看出相对于同类型的其他事故案例，下述事故之所以造成更多的人员伤亡，主要原因在于违规生产导致的事故后果扩大化。例如：河北省邢台县尚汪庄石膏矿区"11·6"特别重大冒顶坍塌事故、广西壮族自治区南丹县大厂矿区特别重大透水事故和河北省邢台市沙河市白塔镇章村李生文联办一矿特别重大火灾事故都是因为非法越界开采，导致矿区内若干相邻矿山沟通，危险源失控后波及相邻矿山，导致更多的人员暴露在危险源下。而山东省临沂市兰陵县鲁城镇济钢集团石门铁矿重大坠罐事故中，罐笼承载24人，但实际长期承载 28 人，不仅加大了提升系统承受荷载，增加事故发生可能性，事故后果也相对扩大化。四川省宇通矿山"10·18"重大放炮事故中，企业在实际已存在的潜在威胁工作面，安排多达 28 人，集中暴露在 80 多米高的坡底、沿 100 多米的沟内违章冒险作业，大部分作业人员被波及而伤亡。山西省娄烦尖山铁矿排土场"8·1"特别重大垮塌事故、山西省临汾市襄汾县新塔矿业有限公司"9·8"特别重大尾矿库溃坝事故中，危险源下游处有矿区办公楼、集贸市场和村庄，扩大了滑坡和溃坝的波及范围。

因此，遏制非煤矿山重特大事故，不仅要关注事故的预防，还要严格控制危险源波及范围，降低事故后果的严重程度。

（一）河北省邢台县"11·6"石膏矿特别重大坍塌事故

2005 年 11 月 6 日，河北省邢台县尚汪庄石膏矿区的康立石膏矿、太行石膏矿、林旺石膏矿发生井下采空区大面积冒落，引起地表塌陷，形成一长轴约 300m，短轴约 210m，面积约 5.3 万平方米的近似椭圆形的塌陷区，以及 24.5 万平方米的移动区。造成 33 人死亡，井下 4 人失踪，40 人受伤（其中井下 28 人，地面 12 人），直接经济损失 774 万元。

尚汪庄石膏矿区历经十多年开采，积累了大量未经处理的采空区，形成大面积顶板冒落的隐患；矿房超宽、超高开挖，导致矿柱尺寸普遍偏小，稳定性较差；无序开采，在无隔离矿柱的康立石膏矿和林旺石膏矿交界部位，形成薄弱地带，受采动影响和蠕变作用的破坏，从而诱发了大面积采空区顶板冒落、地表塌陷事故。

地面建筑物建在地下开采的影响范围（地表陷落带和移动带）内，是造成事故扩大的原因。

（二）广西壮族自治区南丹县大厂矿区特别重大透水事故

2001 年 7 月 16 日，龙山、拉甲坡和田角锌矿共安排职工 500 多人下井作业。17 日凌晨 3 点多，拉甲坡矿 9 号井实施两次爆破后，标高−166m 平巷的 3 号作业面与恒源最底部−167m 平巷的隔水岩体产生脆性破坏，大量高压水从恒源矿涌出，发生透水，淹及拉甲坡矿 3 个工作面、龙山矿 2 个工作面、田角锌矿 1 个工作面，致使 81 人死亡，其中拉甲坡矿 59 人、龙山矿 19 人、田角锌矿 3 人，直接经济损失 8000 余万元。

非法开采，乱采滥挖，违章爆破，引发透水是导致"7·17"特大事故的直接原因。5 月 23 日，恒源矿及其连通的拉甲坡矿 9 号井 1、2 号工作面标高 −110m 以下采空巷道均被水淹，并与老塘积水相连通。恒源矿最底部 −167m 平巷顶板与拉甲坡 9 号井 −166m 平巷 3 号工作面之间的隔水岩体最薄处仅为 0.3m，在 57m 的水头压力作用下已处于极限平衡状态。7 月 17 日凌晨 3 时多，拉甲坡矿 9 号井两次实施爆破，使隔水岩体产生脆性破坏，形成一个长径 3.5m、短径 1.2m 的椭圆形透水口，高压水急速涌入与此相通的几个井下作业区，导致特大透水事故发生。

（三）河北省邢台市沙河市白塔镇章村李生文联办一矿特别重大火灾事故

2004 年 11 月 20 日，河北省邢台市沙河市白塔镇章村李生文联办一矿（以下简称李生文矿）在对罐笼和井筒护架进行电焊切割和焊接作业后，发生火灾，波及相互连通的另外 4 处铁矿，造成 70 人死亡，直接经济损失 604.75 万元。

事故发生的直接原因：李生文矿维修工在盲 1 井的井筒内违章使用电焊，焊割下的高温金属残渣掉落在井壁充填护帮的荆笆上，造成长时间阴燃，最后引燃井筒周围的荆笆及木支护等可燃物，引发井下火灾。

火灾事故发生时李生文矿仅有 10 名工人在井下作业，却造成了事故矿和波及矿共 70 位工人死亡，其原因主要如下。

非法越界开采。经现场勘测，5 个矿山都存在越界开采的现象。各矿的越界开采直接造成了矿矿相通和井下巷道错综复杂，风流紊乱。

井下没有安全出口。各矿井均只有一个竖井安全出口通达地表，且竖井均没有按规定设置能够行人的设施，发生事故提升机不能使用后，井下遇险人员无法从仅有的一个通道逃生，进一步扩大了受灾范围。

没有独立完善的矿井通风系统。5 个矿山都没有独立的通风系统，由于矿与矿之间井下由废弃老巷道及未经处理的采空区相连接，形成了整个矿区井下风路的大循环，导致相连各矿均受到事故矿井火灾烟气的污染。

事故初期自救措施不当。火灾初期，各矿各自为战，盲目增加通风设施，造成下行扩散、排烟困难，使各矿的影响进一步加剧。

（四）山东省临沂市兰陵县鲁城镇济钢集团石门铁矿重大坠罐事故

2009 年 10 月 8 日，湖南娄底市冷水江市锡矿山闪星锑业公司南矿主力井主提升井发生钢丝绳断绳事故，造成罐笼内 26 人死亡，5 人重伤，直接经济损失 1043.79 万元。

事故发生的主要原因包括：调绳离合器处于不正常啮合状态，闭合不到位，调绳离合器的联锁阀活塞销不在正常闭锁位置，无法实现闭锁功能。提升机在运行过程中，游动卷筒内齿圈轮齿对调绳离合器齿块产生的向心推力，通过已倾斜的连板移动毂，导致提升机在运行过程中调绳离合器脱离，造成游动卷筒与主轴脱离，失去控制，罐笼和钢丝绳在重力等因素作用下，带动卷筒高速运转，迅速下坠。

事故过程中，两侧罐笼分别在自重和钢丝绳重力作用下，使得卷筒高速转动，制动器所产生的制动力矩不足以制动超速下行的罐笼。

提升机超员提升，造成人员伤亡扩大。罐笼核定承载 24 人，但事故罐笼井口标注定员为 28 人，事发时固定卷筒侧罐笼承载 27 人。

（五）山西省太原市娄烦县尖山铁矿排土场 "8·1" 特别重大垮塌事故

2008 年 8 月 1 日 0 时 45 分左右，太原娄烦县境内的太钢尖山铁矿排土场发生一起特别重大事故，造成位于尖山铁矿南排土场下面的娄烦县马家庄乡寺沟旧村 93 间房屋被埋，导致 45 人死亡，1 人受伤，直接经济损失 3080.23 万元。

该起事故发生的主要原因：由于 1632 平台边坡稳定性差，地基承载力低，随着排土量的增加和 1632 平台边坡的持续下沉，作用于 1632 平台坡脚相对孤立的黄土山梁上的推力持续增大，致使黄土山梁上部土体不能支撑排土场散体产生的压力而产生蠕变与移动，导致排土场产生垮塌，在排土场垮塌滑体的压力作用下，推挤黄土山梁产生移动。

导致重大人员伤亡原因：寺沟旧村在南排土场二期第一次征地范围内，虽然大部分村民从旧村搬迁到新村，但寺沟旧村房屋一直没有拆除，仍有部分村民和外来人员居住在寺沟旧村。

由于黄土山梁滑体移动距离长，寺沟旧村居民房屋距离黄土山梁坡脚仅 50m，移动的黄土山梁下部推垮并掩埋了寺沟旧村的部分民房，造成大量人员伤亡。

（六）四川省宇通矿山 "10·18" 重大放炮事故

2004 年 10 月 18 日，四川省宇通矿山安排了 28 人在锅圈岩小沟（距岩体坍塌处约 100m 内）的沟心沿沟分段作业，分别是 4 个作业点，第一作业点 5

人，第二作业点 7 人，第 3、4 作业点分别为 8 人，用凿岩机打眼切割石材。11 点 40 左右，北面坡突然发生岩体坍塌，坍塌物沿斜坡向下推移产生大量滚石和岩渣，造成 9 人当场死亡，5 人失踪，9 人受伤（其中 2 人重伤）。

矿山开采未采用自上而下的台阶作业，实施的是不再采用的危险陡壁硐室爆破开采方式，且爆破没有按照安全规程进行爆破设计，也无施工作业方案。该公司在北坡（坍塌部位）曾实施过两次硐室爆破，爆破矿岩量比预想的大，对岩体原有裂隙扩张产生直接或间接影响，造成岩体坍塌，是这次事故发生的直接原因。

（七）江西省乐平市座山采石场 "7·30" 重大岩体坍塌事故

乐平市座山采石场共有 6 个工作面，其中山下村村民朱相初、朱炳满合一个工作面；朱春水、朱炳林合一个工作面；朱相泰、朱金保两人各一个工作面；另 2 个工作面为大禅村村民开采。这 6 个工作面均属无证非法开采。2001 年 7 月 30 日，山下村村民开采的 4 个工作面发生特大岩体坍塌事故，造成 28 人死亡。

该采石场股东采用的都是下部爆破掏空、上部崩落的违反露天采矿规定的开采方法，是造成这起岩体坍塌特大事故的直接原因。

（八）山西省临汾市襄汾县新塔矿业有限公司 "9·8" 特别重大尾矿库溃坝事故

2008 年 9 月 8 日，山西省临汾市襄汾县新塔矿业有限公司 980 沟尾矿库发生特别重大溃坝事故，尾砂流失量约 20 万立方米，沿途带出大量泥沙，流经长度达 2 公里，最大扇面宽度约 300m，过泥面积 30.2 万平方米，波及下游 500 米左右的矿区办公楼、集贸市场和部分民宅，造成 277 人死亡、4 人失踪、33 人受伤，直接经济损失 9619 万元。

事故发生的直接原因为：新塔公司非法违规建设、生产，致使尾矿堆积坝坡过陡。同时，采用库内铺设塑料防水膜防止尾矿水下渗和黄土贴坡阻挡坝内水外渗等错误做法，导致坝体发生局部渗透破坏，引起处于极限状态的坝体失去平衡、整体滑动，造成溃坝。

参考文献

[1] 风险管理—术语[S]. GB/T 23694—2013.

［2］ Li W，Ye Y，Wang Q，et al. Fuzzy risk prediction of roof fall and rib spalling：based on FFTA-DF-CE and risk matrix methods environmental science and pollution research［J］. Environmental Science and Pollution Research. 2019，27(8)：8535-8547.

［3］ Li W，Ye Y，Hu N，et al. Real-time Warning and Risk Assessment of Tailings Dam Disaster Status Based on Dynamic Hierarchy-grey Relation Analysis［J］. Complexity，2019 (9)：1-14.

［4］ 职业健康安全管理体系要求［S］. GB/T 28001—2011.

［5］ 王先华. 安全控制论原理和应用［J］. 兵工安全技术，1999(4)：14-16.

［6］ 王秉，吴超. 安全信息视域下 FDA 事故致因模型的构造与演绎［J］. 情报杂志，2018，37(4)：120-127,146.

［7］ 黄浪，吴超. 事故致因模型体系及建模一般方法与发展趋势［J］. 中国安全生产科学技术，2017，13(2)：10-16.

［8］ 汪送. 一种事故致因系统论模型：认知—约束模型［J］. 安全与环境工程，2014，21(6)：140-143.

［9］ 樊运晓，卢明，李智，等. 基于危险属性的事故致因理论综述［J］. 中国安全科学学报，2014，24(11)：139-145.

［10］ 傅贵，索晓，贾清淞，等. 10 种事故致因模型的对比研究［J］. 中国安全生产科学技术，2018，14(2)：57-63.

［11］ 王先华，吕先昌，秦吉. 安全控制论的理论基础和应用［J］. 工业安全与防尘，1996(1)：1-6＋49.

［12］ 朱龙洁，叶义成，柯丽华，等. 基于激励理论的我国非煤矿山安全检查激励方式探讨［J］. 安全与环境工程，2015，22(2)：79-83.

［13］ 朱龙洁,叶义成,胡南燕，等. 基于中国传统文化思想的非煤矿山安全管理方式探讨［J］. 矿山机械，2016，44(1)：12-16.

［14］ Garry M R，Shock S S，Salatas J，et al. Application of a weight of evidence approach to evaluating risks associated with subsistence caribou consumption near a lead/zinc mine［J］. Science of the Total Environment，2018，619：1340-1348.

［15］ Giraud L，Galy B. Fault tree analysis and risk mitigation strategies for mine hoists［J］. Safety science，2018，110：222-234.

［16］ Vinnikov D. Drillers and mill operators in an open-pit gold mine are at risk for impaired lung function［J］. Journal of Occupational Medicine and Toxicology，2016，11(1)：1-6.

［17］ Kossoff D，Dubbin W E，Alfredsson M，et al. Mine tailings dams：Characteristics，failure，environmental impacts，and remediation［J］. Applied Geochemistry，2014，51：229-245.

［18］ Lin Y，Hoover J，Beene D，et al. Environmental risk mapping of potential abandoned uranium mine contamination on the Navajo Nation，USA，using a GIS-based multi-criteria decision analysis approach［J］. Environmental Science and Pollution Research，2020，27(24)：30542-30557.

［19］ Gül A，Kaytaz Y，Önal G. Beneficiation of colemanite tailings by attrition and flotation［J］. Minerals Engineering，2006，19(4)：368-369.

［20］ Yolcubal I，Demiray A D，Çiftçi E，et al. Environmental impact of mining activities on surface water and sediment qualities around Murgul copper mine, Northeastern Turkey[J]. Environmental Earth Sciences, 2016, 75(21): 1-25.

[21] Aghababaei S, Saeedi G, Jalalifar H. Risk analysis and prediction of floor failure mechanisms at longwall face in parvadeh-I coal mine using rock engineering system (RES)[J]. Rock Mechanics and Rock Engineering, 2016, 49(5): 1889-1901.

[22] Salgueiro A R, Pereira H G, Rico M T, et al. Application of correspondence analysis in the assessment of mine tailings dam breakage risk in the Mediterranean region[J]. Risk Analysis: An International Journal, 2008, 28(1): 13-23.

[23] 王月根. 金属非金属露天矿山危险源辨识与风险评价[J]. 中国资源综合利用, 2018, 36(9): 187-190.

[24] 张吉苗. 煤矿事故致因理论及安全管理对策[J]. 中国煤炭, 2013, 39(6): 93-97.

[25] 姜立春, 李佳怡. 民采空区影响下露天矿边坡易损性的风险评估[J]. 工业安全与环保, 2012, 38(9): 38-41.

[26] 徐克, 陈先锋. 基于重特大事故预防的"五高"风险管控体系[J]. 武汉理工大学学报(信息与管理工程版), 2017, 39(6): 649-653.

[27] 肖德英, 杨洪毅, 黄佑洪. 非煤矿山重大危险源安全评估方法[J]. 采矿技术, 2010, 10(5): 61-62.

[28] 张健. LEC评价法在非煤矿山安全评价中的应用[J]. 安全, 2017, 38(3): 29-30.

[29] 李全明, 杨塱, 张红. 非煤矿山安全评估新思路及实例验证[J]. 现代矿业, 2019, 35(1): 185-188.

[30] 王石, 魏美亮, 宋学朋, 等. 基于改进CRITIC-G1法组合赋权云模型的高阶段充填体稳定性分析[J]. 重庆大学学报, 2022, 45(2): 68-80.

[31] 陈述, 郁钟铭, 李春良, 等. 基于灰色聚类-IAHP的顶板事故风险评估[J]. 采矿技术, 2018, 18(6): 102-104.

[32] 冉霞, 游青山. 基于TD-SCDMA与RFID的感知矿山物联网[J]. 煤矿安全, 2013, 44(12): 117-119.

[33] 念其锋, 施式亮, 李润求, 等. 基于PNN的煤矿安全生产风险综合预警研究[J]. 中国安全生产科学技术, 2013, 9(10): 71-77.

[34] Kalenchuk K S. 2019 Canadian Geotechnical Colloquium: Mitigating a fatal flaw in modern geomechanics: understanding uncertainty, applying model calibration, and defying the hubris in numerical modelling[J]. Canadian Geotechnical Journal, 2022, 59(3): 315-329.

[35] Mai H T, Lee J, Kang J, et al. An Improved Blind Kriging Surrogate Model for Design Optimization Problems[J]. Mathematics, 2022, 10(16): 2906.

[36] Martin A, Hassan-Loni Y, Fichtner A, et al. An integrated approach combining soil profile, records and tree ring analysis to identify the origin of environmental contamination in a former uranium mine (Rophin, France)[J]. Science of the Total Environment, 2020, 747: 141295.

[37] Castillo H, Collado H, Droguett T, et al. Methodologies for the possible integral generation of geopolymers based on copper tailings[J]. Minerals, 2021, 11(12): 1367.

［38］ 廖国礼，王胜强，王鹰鹏，等．矿山企业三维预防安全管理体系理论及其模型研究［J］. 中国安全科学学报，2014，24(4)：3-9.

［39］ 任晓会．基于 VC＋＋的露天矿山运输系统风险管理［D］. 广州：华南理工大学，2012.

［40］ 丁焱，刘平红．非煤矿山危险源辨识评价与高中度风险控制［J］. 中国科技信息，2014(7)：264-265.

［41］ 姜传军．吉林省非煤矿产资源开采安全风险管理研究［D］. 长春：吉林大学，2018.

［42］ 昝军，刘毅．国内外应急管理机构发展现状及趋势研究［J］. 科技资讯，2019，17(34)：186-187.

［43］ 吴孟龙，叶义成，胡南燕，等．基于模糊信息粒化的矿业安全生产态势区间预测［J］. 中国安全科学学报，2021，31(9)：119-127.

［44］ 典型事故报告汇编．中国安全生产网 http://www.aqsc.cn/.

［45］ 王运敏，李世杰．金属非金属矿山典型安全事故案例分析［M］. 北京：冶金工业出版社，2015.

第二章 非煤矿山生产安全风险特征

第一节　相关概念

1. 危险源

危险是一个相对的状态概念，是认识主体受到损伤和威胁超过某一限度的状态[1]。危险源（Hazard）是危险的来源。W. 哈默（Willie Hammer）将危险源定义为：可能导致人员伤害或财物损失事故的、潜在的不安全因素。罗云等将危险源定义为一个系统中具有潜在能量和物质释放危险的、在一定的触发因素作用下可转化为事故的部位、区域、场所、空间、岗位。危险源是能量、危险物质集中的核心，是能量传出或爆发的地方。

2. 事故隐患

《安全生产事故隐患排查治理暂行规定》（国家安监总局令〔2007〕第 16号）将事故隐患定义为生产经营单位违反安全生产法律、法规、规章、标准、规程和安全生产管理制度的规定，或者因其他因素在生产经营活动中存在可能导致事故发生的物的危险状态[2]。

3. 事故风险

从定性上说，事故风险（风险）是指系统现存的潜在的可能导致事故的因素与状况，在一定条件下，它可能发展成事故。从定量上说，事故风险指由危险转化为事故的可能性，常以概率表示[3]。事故风险通常被用来描述未来事件可能造成的损失，就是说它总涉及不可靠性和不能肯定的事件。在生产过程中，正是由于大量不确定性因素的存在，使得人们在从事生产的同时都承担着一定的风险。因此，对事故风险应当进行准确的评估，以便采取预防性措施，减少风险，使其达到可接受水平。

4. 风险、危险源、事故之间的相互关系

风险与危险源、事故三者各不相同，但关系密切[4]。

危险源的英文为"Hazard source"，英文词典给出其词义为"危险的源头"（A Source of Danger）。危险源的定义是可能造成人员伤亡或疾病、财产损失、工作环境破坏的根源或状态[5]。这种根源和状态来源于人的不安全行为、机（物）和环境的不安全状态、管理漏洞和缺陷。危险源状态最根本的特征是破坏性、潜在性。除此之外，还具有以下特性[6-8]。

① 复杂性。危险源的复杂性是由于系统实际情况和作业活动的复杂性决定的。

② 多变性。生产过程中，某些危险源可能随时在发生变化。如每次作业尽管任务相同，但由于参加作业的人员，作业的场所、使用的工具以及所采取的作业方式的不同，可能存在的危险源也不同。相同的危险源也又可能存在于不同的作业过程中。

③ 可知性。危险源虽然具有潜在性，但是按照辩证的观点来看，一切客观事物都是可知的。根据多年生产的经验和对已发生的事故进行总结分析，可以在生产作业中预先识别出危险源，这也是危险源辨识的基础和前提。

④ 可预控性。危险源的可知性决定了人们可以事先识别出危险源，采取相应措施或利用先进技术控制危险源。

一般对事故的定义为：人们在实现其某一意图而采取行动的过程中，突然发生了与人的意志相反的情况，迫使行动暂时地或永久地停止的事件。事故是由于某种客观不安全因素的存在，随时间进程产生某种意外情况而显现出的一种现象。事故具有因果性、随机性、潜在性的特征。

① 因果性。指某一现象作为另一现象发生的依据。事故是相互联系的诸原因的结果。

② 随机性。指事故是在一定条件下可能发生，也可能不发生的随机事件。

③ 潜在性。指人们在生产活动中所经过的时间和空间，不安全的因素是潜在的，条件成熟时在特有的时间、场所就会显现为事故。

根据危险源、风险、事故的定义和特征，不难看出这三者之间的关系：危险源是风险后果产生的根本原因，危险源的存在导致风险的存在，危险源的潜在性导致了风险的不确定性和潜在性。而造成事故发生的直接原因是风险的实际发生，即潜在的风险变成了实际的事故，风险的不确定性又导致了事故的随机性和潜在性。因此可以说，危险源、风险与事故之间存在因果关系，为预防事故的发生，首先必须研究风险；而研究风险，又必须以研究的危险源为起点。

5. 重大危险源

重大危险源的概念最早被用于重大工业事故，指工业生产系统中那些可能导致重大安全事故的发生源。我国《安全生产法》将重大危险源定义为：长期地或者临时地生产、搬运、使用或者储存危险物品，且危险物品的数量等于或者超过临界量的单元（包括场所和设施）。此处的单元指一套生产装置、设施或场所；危险物品是指易燃易爆物品、危险化学品、放射性物品等能够危及人身安全和财产安全的物品。临界量是指国家法律、法规、标准规定的一种或者一类特定危险物质的数量。

第二节　非煤矿山企业风险管理主要环节

非煤矿山风险管理是指通过对非煤矿山生产运行中存在的风险进行辨识、评估，并在此基础上优化组合各种风险管理技术，对风险实施有效控制，达到以最低成本实现最大安全保障的科学管理方法。

由此定义可以看出，非煤矿山风险管理由风险辨识、评估、控制等环节组成[9,10]。其中风险辨识和评估是风险管理的基础，风险控制是风险管理的关键和目的。可以通过以下内容来理解这几个环节的含义，以助于更加深刻地认识非煤矿山风险管理的程序和内涵[11]。

1. 风险辨识

风险辨识是对现实和潜在的风险进行鉴别的过程。风险辨识是风险管理的基础。风险辨识主要任务首先是明确单位或企业所面临的所有风险的种类、可能发生的风险后果，其次是分析各种事故存在和可能发生的原因。矿山所面临的主要事故风险（即水、火、顶板、机电、运输、放炮及其他事故风险），分析这些事故存在和可能发生的原因，是风险辨识的重点工作。这个工作就是通常的矿山危险源的辨识。因此，危险源辨识是非煤矿山风险管理的第一步工作。

2. 风险评估

风险评估是评估风险大小的过程。在这个过程中，要对风险发生的可能性以及可能造成的损失程度进行估计和衡量。此过程往往伴随着对风险的排序、分级。

3. 风险控制

风险控制是风险管理中最为关键的环节，具体又可分为事前控制、事中控制和事后控制三个小环节。事前控制的主要工作任务是在风险识别和评估的基础上，针对风险产生原因——危险源，制定合理的管理标准和管理措施，使得风险管理"有法可依"。事中控制主要是对危险源的监测过程，事实上也就是管理标准和管理措施贯彻落实的过程，同时也是对前面工作进行跟进审核的过程。事后控制是在对危险源监测的基础上，通过采集到的危险源动态信息，分析其风险状态，对已出现的风险进行预警、控制，达到预防事故发生的目的。

非煤矿山风险管理的这三个环节互为前提，紧密相连，缺一不可，且互相渗透。由于风险的不确定性，人们对风险的认知不可能一蹴而就，需要在时间中不断地补充、更新，对风险的评估也要随着实际情况的改变而重新进行。所以，在风险控制阶段，同时需要识别新出现的风险并及时对其进行评估。

第三节　非煤矿山系统风险特征分析

系统要素之间的关系是复杂多变的，如何从系统整体寻求共同风险载体为纽带，理清系统要素之间的主要关系，是研究系统结构关系的重点。系统风险事件以"点"到"线"向以"面"到"体"不同维度的转变，探究风险点从固有风险向初始风险再到现实风险的转变过程。依循国家关于建设安全风险评估系统智能平台的倡导，有利于呈现从"点"向"体"不同维度下的风险特征，也有助于理清系统风险要素与风险结构之间的主要关系[12]。

一、固有风险特征

风险点也称风险源，指伴随风险的部位、设施、场所和区域，以及在特定部位、设施、场所和区域实施的伴随风险的作业过程，或以上两者的组合。通常参照《企业职工伤亡事故分类》（GB 6441）的事故类别对风险点形成的风险事件进行分类，也称事故类型风险点或事件风险点，明确不同类型风险事件发生的风险来源，以便追踪风险事件发生来源于系统的某一或多个因素。

固有风险是指设备、设施、场所等本身固有（赋存、带有）的能量（电能、势能、机械能等），该危险源是客观存在的，事故一旦发生将造成严重后果的属性[13]，也可理解为未考虑现有控制措施情况下的风险。因此，固有风险具有客观性，是指有害物质或能量、工艺、场所、作业、设备等自身存在的危险性，而人（Man）、机（Machine）、物（Material）、法（Method）、环（Environment）即"4M＋E"现场管理理论符合这一概念。因此，从"4M＋E"事故致因模型角度可将其分为设备设施固有风险、物质固有风险、工艺固有风险、场所固有风险、作业固有风险。

二、不确定性风险特征

不确定性风险是信息和认知的不完备导致潜在事件发生可能的不确定性，也可表述为由潜在事件的不确定性所带来的损失。它也体现了风险信息的不确定性和风险认知的不确定性。不确定性分析也是风险事件损失与概率分析的有机组成部分。尽管人们通过收集代表性数据，增进对系统要素的理解上做了很多努力，但不确定性的表示、传播与解释依然是系统风险分析中面对的难题。

非煤矿山安全系统风险具有复杂性、动态性、关联性等特征，既具有传统不确定性风险的一般特性，也含不确定性风险的本质属性，结合非煤矿山安全系统，总结风险特征见表 2-1。

表 2-1　不确定性风险特征表

序号	风险特征分类	特征描述
1	普遍性	风险存在于生产系统的每个阶段,且随着新材料、新工艺、新设备的出现,又会产生新的风险,并伴随着时空的变化而变化
2	客观性	人们主观上改变风险存在和发生的条件,但风险是固有、客观存在的,不以人的意志为转移
3	随机性	在随机现象中,事件本身是确定的,只是由于条件提供的不充分或偶然因素的干扰,使得事件是否发生产生不确定性
4	模糊性	由于事物本身状态的不确定性,事物本身的概念外延不明确,导致风险的强度或大小很难明确界定
5	风险本身不确定性	包括风险是否发生的不确定性、风险出现时间的不确定性、风险事件发生频率的不确定性、风险损失程度的不确定性
6	信息不确定性	由于硬件或技术条件的限制,从系统中获取的风险指标信息有限,如地下矿监测点不全或测量数据不精准,只能获得事物的局部信息
7	认知不确定性	由于人的认识能力、获取手段的限制等原因造成对解决某个特定问题的背景或结构有不同的认知,或忽略了部分因素,从而造成了认知的不确定性
8	可测性	通过大量数据分析,可发现风险具有一定的规律性,可通过数学模型、统计分析、技术理论等推导出事故发生的概率和可能造成的损失程度

因风险本身的属性决定了其内在的不确定性,不确定性信息的出现是不可避免的,关注风险的可测性是风险评价研究的重要前提,分析系统风险本身存在的不确定因素,找到对应数量关系,应用不确定性理论和方法,从简单因素到复杂系统,明晰风险评估研究思路,从而为系统不确定性风险理论体系构建提供新思路和新方法。

三、初始风险特征

初始风险的形成可看作固有风险的内在要素与日常风险管理受控状态下的不确定性要素一起被触发而成,是在固有风险的基础上考虑现有安全保护措施后的风险。因此,在系统属性的固有风险基础上,引入管理过程中产生的频率风险对固有风险进行修正,即可得初始风险,可用式(2-1)描述它们之间的函数关系为

$$R_i(初始风险) = H(固有风险) \times G(管控频率指数) \qquad (2-1)$$

风险的不确定性涉及风险是否会发生及风险发生后导致的后果等方面。风险存在一定的客观性,不以人的意志为转移,即只能测算出某一事件产生风险的大小,采取相关措施规避风险或降低风险,但无法阻止风险的发生。然而,

风险具有一定的可控性，在一定的条件下，可以通过一系列措施对风险进行判断，并运用一定的手段来规避风险或者降低风险。除了随机性之外，风险和概率之间还存在一定的必然性。风险在频率中的必然性体现在有风险的事件一定会产生结果。风险具有必然性和损失性。然而，初始风险也具有这样的特征，但在后果严重度评估指标与频率表达方式上有所不同。

1. 后果严重度评估指标不同

以往风险求解后果严重度评估指标多基于事件发生后可能造成的伤亡人数、经济损失、环境污染、社会影响力，注重结果的防控。初始风险更强调从源头防控，更加重视事前防控。初始风险评估指标多基于系统属性特征，强调系统中存在危险有害物质或能量释放大小的固有属性特征。也即从"4M＋E"五要素所指明的系统中设备设施固有风险、物质固有风险、工艺固有风险、场所固有风险、作业固有风险的固有属性，即初始风险从"4M＋E"五要素描述决定风险事件严重程度。

2. 频率表达方式不同

以往将概率视为求解频率的关键。概率是指对某一随机事件发生的可能性大小的度量。一般情况下，用0～1范围的数值进行衡量；当概率值近于1时，说明该事件发生的可能性较大，相反地，当概率值接近于0时，说明可能性较小。与初始风险事件的概率表达含义略显不同，初始风险事件概率主要强调基于系统属性特征，即在固有风险基础上，考虑现有安全保护措施后的风险。而安全措施管控的有效性即为求解概率的关键。从企业组织管理层面来讲，设备设施故障率（Error）、操作流程执行效果（Effect）、安全教育时效性（Eduction）、企业安全文化完善性（Culture）等阶段性的不确定性因素具有因果关联逻辑动态性，即"3E＋C"理论四要素决定了风险事件发生的概率。这些要素引发的风险事件，其概率可以利用事故树求解基本事件概率来实现，然而顶上事件概率取值在0～1范围，若直接与系统属性固有风险后果严重性结合，初始风险取值可能低于固有风险后果严重性，也说明系统属性风险在采取安全措施管控后，固有风险要素的风险性降低了，这与系统属性的固有风险客观存在的理念相违背。从系统固有属性危险源解释，如运行中的砂轮机带有机械伤害、划伤风险，不被使用的砂轮机本身固有风险很低，而企业生产使用时增添防护罩避免划伤的同时又出现了绞卷衣服的风险，产生了新的风险。因此，初始风险的频率指数采用基本事件的补集来获取。

另外，初始风险具有动态性。动态风险评估是弥补传统定量化风险评估的缺点。实现动态评估，必须具备充足可靠的数据信息，目前系统故障率和事件频率的估计主要基于陈旧的数据论点，数据有限，特征不能得到很好的反映。这些缺点揭示了风险评估需要改进的主要方面。鉴于此，依循环系统属性，结合实际生产状态，在动态信息不完整时，掌握包含新信息或因动态信息产生的扰动因素，对风险实施适时动态评估为初始风险评估提供一种新的思路。

四、现实风险特征

非煤矿山安全系统风险要素众多，既有系统局部的静态风险、局部的动态变化，也有系统整体上的动态风险。即在点、线、面、体的不同维度揭示风险点从固有风险到初始风险再到现实风险的转变过程。

认知现实风险之前需了解系统中存在的动态调控风险。从宏观层面，受连续暴雨、地震、特殊时期、事故隐患动态数据、在线监测预警结果等动态处理结果的影响，产生新的动态安全信息，这些动态安全信息与事件发生有一定关联性。通过安全生产系统风险的定时调控来体现此类安全信息，因此，有必要探讨对系统风险整体适时宏观调控后的现实风险。

初始风险可视为系统属性固有风险与其在初始管理状态下可能出现的风险共同作用的结果，除此之外，风险会不时地随空间、时间外界环境变化，如地震、暴雨、预警动态、特殊时期等动态风险因素的影响。因此，现实风险并非由单一因素产生，主要受固有风险、初始风险、动态风险共同作用下的结果。

现实风险指系统在实际受控的状态下，受到外界扰动或不受主观控制的动态变化下导致事故发生的风险，即初始风险与动态风险的聚合构成了现实风险。以往针对简单系统的风险研究较多，对于复杂系统经适时调控的现实风险研究较少。关注系统现实风险评估，以点、线、面、体四个维度为视角注重要素之间的传递、动态反馈作用，对于开展复杂系统安全风险辨识与动态评估的研究显得更有实际应用价值。

现实风险用 R 表示，其值通过初始风险（R_i）与动态风险修正系数（K）

整合计算得到，现实风险可以用函数表示为：

$$R = R_i \times K \tag{2-2}$$

参考文献

[1]　叶义成. 非煤矿山重特大风险管控[A]. 中国金属学会冶金安全与健康分会. 2019 中国金属学会冶金安全与健康年会论文集[C]. 中国金属学会冶金安全与健康分会：中国金属学会，2019：6.

[2]　李毅中. 国家安全生产监督管理总局令（第 16 号）安全生产事故隐患排查治理暂行规定[J]. 中华人民共和国国务院公报，2008（26）：44-47.

[3]　王先华，夏水国，王彪. 企业重大风险辨识评估技术与管控体系研究[A]. 中国金属学会冶金安全与健康分会. 2019 中国金属学会冶金安全与健康年会论文集[C]. 中国金属学会冶金安全与健康分会：中国金属学会，2019：3.

[4]　姜威. 矿井开采工程安全管理与事故防范措施探讨[J]. 世界有色金属，2019(17)：117-118.

[5]　罗聪，徐克，刘潜，等. 安全风险分级管控相关概念辨析[J]. 中国安全科学学报，2019，29(10)：43-50.

[6]　ISO 31000-2009，风险管理原则与实施指南[S]. 北京：中国标准出版社，2012.

[7]　姜威. 分析矿山采矿技术中的安全管理问题[J]. 中国金属通报，2019(11)：276-277.

[8]　Cleary P W, Prakash M, Mead S, et al. A scenario-based risk framework for determining consequences of different failure modes of earth dams[J]. Natural Hazards, 2015, 75(2)：1489-1530.

[9]　罗陈，徐克，陈立新，等. 基于人机可靠性的重大危险源事故概率计算[J]. 中国安全生产科学技术，2013，9(03)：108-112.

[10]　刘海燕. 金属露天矿危险源风险管理方法及应用研究[D]. 中南大学，2010.

[11]　罗聪，徐克，刘潜，等. 安全风险分级管控相关概念辨析[J]. 中国安全科学学报，2019，29(10)：43-50.

[12]　李文. 聚合系统属性和管理状态的非煤矿山适时风险评估模型[D]. 武汉科技大学，2020.

[13]　徐克，陈先锋. 基于重特大事故预防的"五高"风险管控体系[J]. 武汉理工大学学报(信息与管理工程版)，2017，39(6)：649-653.

第三章

基于遏制重特大事故的"五高"风险管控理论

第一节　非煤矿山行业重特大事故特征

2000年1月—2021年10月，我国非煤矿山重特大（重大、特别重大）事故共发生47起，占非煤矿山总事故起数的0.22%，死亡1205人，占非煤矿山总死亡人数的4.78%，重特大事故平均每起事故死亡25.64人。非煤矿山重特大事故影响恶劣，是非煤矿山安全生产最明显的短板[1]。分析和研究非煤矿山重特大事故规律，有助于采取更加有效的防治措施遏制重特大事故的发生。

从事故的行业类型、全年时段、事故地区分布、事故类型、矿山企业类型、矿山企业性质及事故发生时间7个方面，梳理总结2001—2021年我国非煤矿山重特大事故规律。

（一）行业类型

从我国非煤矿山重特大事故各行业事故起数和死亡人数分析事故规律，统计结果如表3-1所示。

表 3-1　2001—2021 年我国非煤矿山重特大事故

指标	行业类型		
	非金属矿	有色金属矿	黑色金属矿
事故起数/起	16	18	13
死亡人数/人	249	308	490

从表3-1可以看出：非金属矿和有色金属矿重特大事故起数居前2位；黑色金属矿重特大事故起数虽不多，但死亡人数最多；非金属矿每起事故的平均死亡人数最少，每起重特大事故危害程度相对较轻，这与非金属矿开采工艺相对简单有关。我国非金属矿资源储量较为丰富，且品种较为齐全，一些应用广泛的矿种储量均位居世界前列。由于受经济利益的驱使，我国各地出现了很多乱采滥挖现象，很多不具备安全生产条件的中小型非金属矿应运而生，造成了重特大事故多发。

（二）全年时段

我国非煤矿山重特大事故全年各时段事故起数和死亡人数变化趋势如图3-1所示。

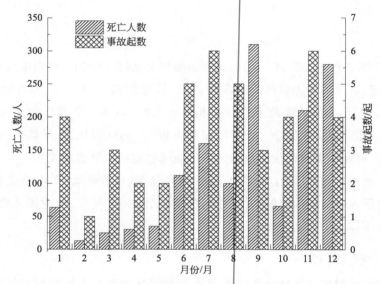

图 3-1　2001—2021 年我国非煤矿山重特大事故全年各时段事故起数和死亡人数

从图 3-1 可以看出，第一季度重特大事故较少，这是由于 1—2 月份多为春节假期，非煤矿山停产检修，因此事故发生最少；3 月份复工复产后，重特大事故起数和死亡人数总体呈上升趋势；7—11 月份重特大事故起数达到峰值，这是由于企业复产复工，很多矿山满负荷运转，加之气候回阳转暖、进入雨期等季节性特征突出，安全生产形势变得尤为严峻复杂。7—9 月份为夏季，气温较高；11—12 月份进入冬季，天气寒冷，这些因素均会导致人的适应性和耐力减弱，增加了非煤矿山安全生产的风险。

（三）事故地区分布

我国非煤矿山重特大事故各地区事故起数和死亡人数如图 3-2 所示。

从图 3-2 可以看出：2001—2021 年我国共有 17 个省（自治区、直辖市）发生过非煤矿山重特大事故。

从事故起数来看，位居前 3 位的分别是山东、湖南、山西，累计发生 17 起，占全国总事故起数的 36.2%；从死亡人数来看，位居前 5 位的分别是山

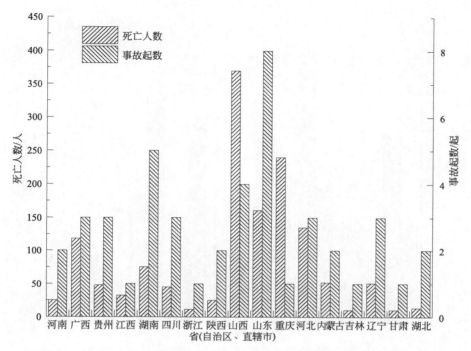

图 3-2　2001—2021 年我国非煤矿山重特大事故各地区事故起数和死亡人数

西、重庆、山东、河北、广西，累计死亡 1040 人，占总死亡人数的 86.3%。事故相对集中于几个采矿大省，其主要原因一是这些省份非煤矿山数量较多；二是由于地质采矿条件复杂，民营矿山较集中，经济欠发达等不利因素叠加。

（四）事故类型

我国非煤矿山重特大事故按事故类型可分为炸药爆炸、中毒窒息、溃坝、透水、坍塌、火灾等 9 类，其事故起数和死亡人数统计结果如图 3-3 所示。

从图 3-3 可以看出：2001—2021 年我国非煤矿山重特大事故类型以透水、坍塌、火灾为主，这 3 类事故总计发生 22 起，占非煤矿山重特大事故总事故起数的 46.8%；溃坝、透水、坍塌、火灾 4 类事故死亡人数居前 5 位，其死亡人数占重特大事故总死亡人数的 83.2%。其中，溃坝事故起数较少，但死亡人数较多，属于一般易发但危害极大的事故类型；透水、坍塌、火灾、中毒窒息、炸药爆炸、冒顶片帮 6 类事故，不仅多发且死亡人数也相对较多，属于较易发生且危害较大的事故类型。

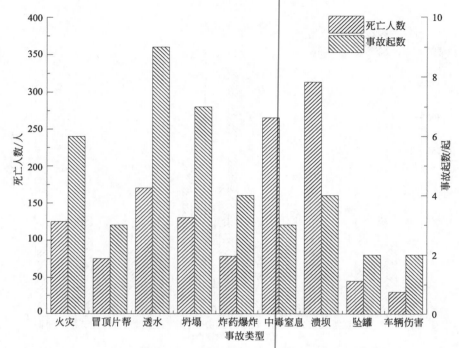

图 3-3　2001—2021 年我国非煤矿山重特大事故不同事故类型事故起数和死亡人数

（五）矿山企业类型

根据《非煤矿矿山企业安全生产许可证实施办法》（国家安全生产监督管理总局令［2009］第 20 号公布、第 78 号修订）第五条，非煤矿山企业包括非煤固体矿山企业及其尾矿库、石油天然气企业等，依据开采工艺特征，又将非煤固体矿山细分为地下矿山、露天矿山。本书主要关注除石油天然气以外的非煤固体矿山，包括地下矿山、露天矿山和尾矿库。我国非煤矿山重特大事故不同矿山企业类型事故起数和死亡人数统计结果如表 3-2 所示。

表 3-2　2001—2021 年我国非煤矿山重特大事故不同矿山
企业类型事故起数和死亡人数统计结果

指标	行业类型		
	地下矿山	露天矿山	尾矿库
事故起数/起	31	8	8
死亡人数/人	642	147	416

从表 3-2 可以看出：地下矿山重特大事故起数最多，其次是露天矿山。从重特大事故死亡人数来看，地下矿山死亡人数最多，其次是尾矿库，露天矿山死亡人数最少。

值得注意的是，2008 年以后，非煤矿山发生的 15 起重特大事故中，有 12 起发生在地下矿山。这主要是因为近些年随着开采强度的增大、开采时间的延续，地下矿山进入深部开采，采空区塌陷、冒顶片帮、水害、火灾、深部岩爆等事故风险变得愈加突出，导致发生事故后危害加剧，对人员的生命安全影响变大。此外，我国非煤矿山存在从以露天开采为主转向以地下开采为主的趋势，因此未来非煤矿山重特大事故工作重点应是做好地下矿山事故灾害的预防，突出地下矿山专项整治工作。

（六）矿山企业性质

发生重特大事故的非煤矿山企业按企业性质不同，可分为国有企业、集体企业、股份合作制企业和民营企业 4 类，其事故起数和死亡人数统计结果如表 3-3 所示。

表 3-3　2001—2021 年我国非煤矿山重特大事故不同矿山
企业性质事故起数和死亡人数统计结果

指标	所有制类型			
	国有企业	集体企业	股份合作制企业	民营企业
事故起数/起	11	3	4	26
死亡人数/人	479	161	55	875

从表 3-3 可以看出：民营企业事故起数和死亡人数最多，其次是国有企业。民营企业近几年重特大事故有反弹趋势，这与矿山产能过剩、企业利润下滑从而导致安全生产投入减少有很大关系。民营企业每年的事故起数基本都高于国有企业，但除少数年份外，民营企业死亡人数与国有企业基本持平，这说明民营企业数量多、生产规模小、安全生产条件差。国有企业矿山一般规模较大，参与生产的工人多，发生事故危害大。

（七）事故发生时间

我国非煤矿山重特大事故的事故起数按发生时间进行统计，结果如图 3-4 所示。

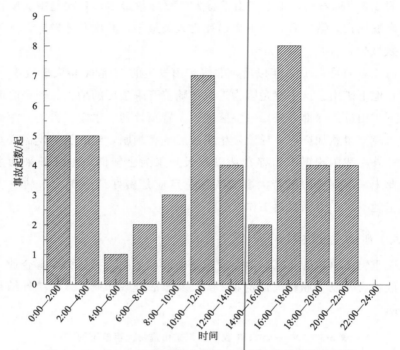

图 3-4　2001—2021 年我国非煤矿山重特大事故的事故起数

从图 3-4 可以看出：每天 10:00—12:00 和 16:00—18:00 为发生事故最多的时间段，主要由于这两个时间段一般为上下班交接时间，在即将下班或作业收尾阶段，人员精力容易分散，员工往往存在注意力不集中的问题，从而导致习惯性违章，且对事故的警惕性有所松懈，易引发事故。

经上述统计分析，非煤矿山行业重特大事故规律特征总结如下。

（1）从行业类型分布看，非金属矿事故起数最多，死亡人数最少，每起重特大事故危害程度相对较轻，这与非金属矿开采特点有关。黑色金属矿山重特大事故起数虽不多，但死亡人数最多。

（2）从全年时段分布看，下半年重特大事故起数和死亡人数明显多于上半年，1—3 月份是重特大事故低发期，事故起数和死亡人数最低。在统计范围，2 月份未发生过重特大事故。

（3）从地区分布看，重特大事故发生起数位居前 3 位的省份分别是山东、湖南、山西，重特大事故死亡人数位居前 3 位的省（直辖市）分别是山西、重庆、山东。

（4）从事故类型分布看，非煤矿山重特大事故起数位居前 3 位的为透水、坍塌、火灾，事故死亡人数居前 3 位的为溃坝、透水、坍塌。

（5）从矿山企业类型分布看，地下矿山重特大事故起数和死亡人数最多，2008 年以后，非煤矿山重特大事故几乎都发生在地下矿山。

（6）从矿山企业性质分布看，民营企业、国有企业事故起数和死亡人数居位前 2 位，民营企业每年事故起数基本都高于国有企业，但国有企业重特大事故危害程度相对较大。

（7）从事故发生时间来看，每天 10:00—12:00 和 16:00—18:00 为事故高发时段，矿山企业应重点加强这两个时间段的安全生产工作，做好危险源监控和事故预防。

可以看出非煤矿山重特大事故的发生概率及其后果既与行业类型、开采方式、矿山企业性质等企业固有属性密切相关，又受季度、时间等外部变量的影响；可能发生的事故类型众多，不同类型事故发生概率及其后果有存在较大差异。预防重特大事故就是要降低事故发生概率及其后果，而风险是事故发生概率与后果严重程度的组合，预防重特大事故的关键就是管控重特大事故风险点的安全风险，将风险控制在可接受范围内[2]。重点需要对非煤矿山风险辨识、固有＋动态风险评估模型、风险分级预警、分级管控机制等进行研究，实时动态掌控重特大事故风险点的风险等级，并开发与之相应的信息化管控平台。

第二节　"五高"概念的提出及内涵

早期事故控制理论以海因里希因果理论、能量理论、轨迹交叉论为代表，有效说明了事故原因与事故结果之间的逻辑关系，尤其是指出了"人的不安全行为""物的不安全状态"在导致事故过程中的作用。传统高危行业因其人员密集、物料危险、工艺复杂，较大契合了事故致因理论的模型[3]。然而，这种传统的事故控制模型以事故为研究对象，存在先天的"滞后性"和"被动性"，其查找的原因、制定的措施并不具有普适性，更无法有效预防不同类型、行业的重特大事故，如图 3-5 所示。近几年来多起重特大事故调查，事故原因千篇一律地聚焦于"人的安全意识""管理方式""制度执行"等方面，没有在企业安全规律、事故本质特征、生产系统等方面进行深入探究。并且现有安全生产实践过程中，重特大事故控制方法或手段大多以此为基础，重点聚焦在隐患排查治理体系的建设。

图 3-5   传统事故控制模型

墨菲定律指出，风险无处不在，并且表现出较大的隐蔽性和偶发性，在生产过程中大多并没有在短期内以"不安全行为""不安全状态"的形式被人感知。因而企业投入大量人力、物力进行筛选式的隐患排查，仍无法控制事故的发生。

为防范和遏制重特大事故，《国务院安委会办公室关于实施遏制重特大事故工作指南全面加强安全生产源头管控和安全准入工作的指导意见》（安委办〔2017〕7 号）提出要着力构建集规划设计、重点行业领域、工艺设备材料、特殊场所、人员素质"五位一体"的源头管控和安全准入制度体系，减少高风险项目数量和重大危险源，全面提升企业和区域的本质安全水平。

近年来，国内发生的各类事故表明，生产事故具有从传统高危行业向一般行业转移的特点，想不到和管不到的行业、领域、环节、部位普遍存在。按照传统的区分重点与非重点行业领域和企业的管理模式及隐患排查治理手段，已经不能满足安全生产工作的现实要求。如何针对重特大事故建立一套具有精准性、前瞻性、系统性和全面性的防控体系，是亟需解决的一个重大课题。徐克等[4] 以安全科学相关理论为基础，结合国家法律法规政策，针对我国安全生产实际，提出不以行业领域划分安全生产工作的重点与非重点，而是以风险防控为核心的"五高"概念及风险管控体系来预防重特大事故。

2013 年 12 月在湖北省隐患排查体系建设中首次纳入培训内容，此后历次在市（州）安监局执法人员培训中宣讲。2015 年，国家安全生产监督管理总局在重庆召开部分省市安监局长座谈会，湖北省就"五高"风险管控做了汇报，并得到领导肯定。2016 年，海峡两岸及香港、澳门地区职业安全健康学术研讨会上进行论文交流，并得到发表；同年，《中共中央国务院关于推进安全生产领域改革发展的意见》，提出针对高危工艺、设备设施、物品、场所和作业，建立分级管控制度，制定落实安全操作规程。2017 年，湖北省"十三五"安全规划提出，强化风险管控，以遏制重特大事故为重点，加强各行业领域"五高"的风险管控。里面明确将"五高"定义为：高风险设备、高风险工艺、高风险物品、高风险场所、高风险作业。同年，写进《湖北省安全生产条例》，并纳入注册安全工程师考试内容。2020 年，《全国安全生产专项整治三年行动计划》指出：推动企业定期开展安全风险评估和危害辨识，针对高危工艺、设备、物品、场所和岗位等，加强动态分级管理，落实风险防控措施，实现可防可控，2021 年底前各类企业建立完善的安全风险防控体系。"五高"风险以文件形式得到国家认可。

　　"五高"风险主要包括高风险场所、高风险工艺、高风险设备、高风险物品、高风险作业[5]。"五高"风险主要针对重特大事故中的致灾物，围绕承灾体（人员和财产）防护制定控制措施。"五高"风险防控模型运用安全科学原理，构建系统的事故防控模型，如图 3-6 所示。

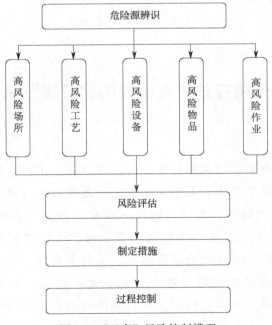

图 3-6　"五高"风险控制模型

① 高风险设备　指生产过程中本身具有高能量的设备设施，运行过程出现操作失误或故障可能导致能量意外释放，引发重特大事故。

② 高风险物品　指可能导致发生重特大事故的有毒有害或储存的高能量的物品，因其固有的物理与化学属性，一旦失控，易造成破坏或伤害。

③ 高风险工艺　指生产流程中由于工艺本身的状态和属性相对容易发生变化，一些关键指标参数失控，从而改变旧有的安全——风险平衡体系，引起风险增加，可能导致严重事故发生的工艺过程。

④ 高风险场所　存放危险物料的场所、操作危险的车间或条件较恶劣的环境等，如地下空间、金属冶炼车间、有毒害粉尘车间、烟花爆竹存储车间、有毒害气体的车间、水下作业、高处作业以及车站等人员密集场所、重大危险源场所。因其致灾物较多，增加了事故发生的可能性和后果的严重性。

⑤ 高风险作业　指失误可能导致发生重特大事故的作业。如特种作业、危险作业等。因岗位、工种、操作的特殊性，当操作不当或不合规范时，易导致重特大事故发生。

第三节　基于防范重特大事故的"五高"风险管控思想

非煤矿山安全系统构成要素复杂，包含设备、工艺、物品、场所、作业等，这些要素的信息多具有不确定性、随机性和实时动态性，风险信息复杂，难以定量化描述。本书以防范非煤矿山重特大事故为目的，引入"五高"风险管控理念，提出开展适应于非煤矿山的"五高"风险评估模型及管控模式研究，避免传统风险辨识方法的主观性和分散性问题，并实现"五高"风险清单的动态管理[6]。从机制、技术、方法层面构建"五高"风险管控体系，从而实现"五高"风险的动态靶向分级管控，基本思路如图 3-7 所示。

图 3-7　非煤矿山"五高"风险管控流程图

1. 通用风险辨识与评估

对企业生产所涉及的安全风险进行全面辨识，分析事故致因，评估事故风险点潜在的风险模式和后果，并进行初步的定性评估，找出企业可能导致群死群伤的重特大事故风险点，针对重特大事故风险点进一步开展更为精细化的"五高"风险辨识评估。

2. "五高"固有风险因子辨识

针对重大事故风险点，从高风险物品、高风险工艺、高风险设备、高风险场所、高风险作业五个方面辨识固有风险因子。

3. "五高"固有风险评价

制定"五高"固有风险指标量化规则，建立评估模型，评估重特大事故风险点固有危险指数。

4. 现实风险动态评价

基于管控状态和动态指标对固有风险指数的扰动，建立信息化需求的风险动态评价指标体系，对现实风险进行动态评价，并确定风险分级标准，以

"红、橙、黄、蓝"四个等级动态呈现。

5. "五高"风险分级管控

以非煤矿山安全风险辨识清单和"五高"风险辨识评估模型为基础，全面辨识和评估企业安全风险，建立非煤矿山安全风险和隐患治理"PDCA"闭环管控模式，构建源头辨识、分类管控、过程控制、持续改进、全员参与的安全风险管控体系。构建与风险等级相匹配的风险分级管控主体层级，省、市、县政府安全监管部门分别负责"红、橙、黄"三级风险的监管和预警，监督下级政府、部门及企业降低风险；企业风落实安全生产主体责任，主动采取措施降低风险。

6. "五高"风险智能管控信息化平台

搭建"五高"风险智能管控信息化平台。信息化平台应当具备"五高"风险数据感知、风险评估、智能分级、统计分析、电子地图显示、层级互动等基本功能。

参考文献

[1] 王先华，吕先昌，秦吉. 安全控制论的理论基础和应用 [J]. 工业安全与防尘，1996 (1)：1-6+49.

[2] 叶义成. 非煤矿山重特大风险管控 [A]. 中国金属学会冶金安全与健康分会. 2019 中国金属学会冶金安全与健康年会论文集 [C]. 中国金属学会冶金安全与健康分会：中国金属学会，2019：6.

[3] 王先华. 安全控制论原理和应用 [J]. 兵工安全技术，1999 (4)：14-16.

[4] 徐克，陈先锋. 基于重特大事故预防的"五高"风险管控体系 [J]. 武汉理工大学学报（信息与管理工程版），2017，39 (6)：649-653.

[5] 王先华，夏水国，王彪. 企业重大风险辨识评估技术与管控体系研究 [A]. 中国金属学会冶金安全与健康分会. 2019 中国金属学会冶金安全与健康年会论文集 [C]. 中国金属学会冶金安全与健康分会：中国金属学会，2019：3.

[6] 刘涛，叶义成，王其虎，等. 非煤地下矿山冒顶片帮事故致因分析与防治对策 [J]. 化工矿物与加工，2014，43 (2)：24-28.

第四章　非煤矿山风险辨识评估方法

第一节　非煤矿山通用风险辨识评估

一、风险辨识与评估方法

（一）风险辨识方法的选取

风险的辨识是对尚未发生的各种风险进行系统的归类和全面的识别。风险辨识的目的是使企业系统、科学地了解当前自身存在的风险因素，并对其加强控制。风险辨识结合现代风险评估技术（安全评价技术），可以为企业的安全管理提供科学的依据和管理决策，从而达到加强安全管理、控制事故发生的最终目的[1,2]。

一般来讲，将不确定性风险通过资料整理、单元划分、识别、评估、输出等流程转变为可描述的风险，即为风险辨识的过程，主要包括以下七个环节。

① 准备阶段。采用现场勘察与调研、事故案例收集、年鉴统计、文献查阅等统计手段，挖掘事故发生的薄弱环节并作为突破口，整理事件发生的时间、事故类别、事故后果、事故发生的原因等基础资料，初步分析风险出现模式。

② 资料整理。风险辨识是确定哪些风险事件有可能对研究对象产生影响，同时将这些风险事件的特性加以识别并整理成文档，并将法律法规、历史资料，统计年鉴、文献作为依据编制文档。

③ 单元划分。将非煤矿山安全系统划分为主单元、子单元。分别将地下矿开采系统、露天矿开采系统和尾矿库的整个安全生产系统视为一个整体。事故类别风险点作为子单元。

④ 风险辨识过程。明确易发事件的危险部位、作业活动、人员聚集区域、重点工艺等。确定危险部位、作业活动、明确参与者、风险模式分析、估计风险形势。

⑤ 风险模式分析。对风险事件的前兆、起因及后果的可能性进行分析，描述系统主体的风险过程。

⑥ 选取风险辨识方法。

⑦ 风险辨识输出结果。包括风险事件名称、危险部位、风险模式、风险类别、后果影响等。

系统中存在多种风险因素，要想全面、准确地辨识，需要借助各种安全分析方法或工具，风险辨识的关键环节为风险辨识方法的选取。目前常用的风险辨识方法有：故障类型及影响分析法（FMEA）、安全检查表法（SCL）、事故树分析法（FTA）、工作危险分析法（JHA）、作业条件危险性分析（LEC）等。这些分析方法都是各行业在实践经验中不断总结出来的，各有其自身的特点和适用范同。下面简单介绍几种常用的风险辨识方法。

1. 故障类型及影响分析法（FMEA）

故障类型及影响分析法由可靠性工程发展而来，它主要对于一个系统内部每个元件及每一种可能的故障模式或不正常运行模式进行详细分析。并推断它对于整个系统的影响、可能产生的后果以及如何才能避免或减少损失。这种分析方法的特点是从元件的故障开始逐次分析其原因、影响及应采取的对策措施。FMEA 常用于分析一些复杂的设备、设施。

2. 安全检查表法（SCL）

安全检查表法是一种事先了解检查对象，并在剖析、分解的基础上确定的检查项目表，是一种最基础的方法。这种方法的优点是简单明了，现场操作人员和管理人员都易于理解与使用。编制表格的控制指标主要是有关标准、规范、法律条款。控制措施主要根据专家的经验制定。检查结果可以通过"是/否"或"符合/不符合"的形式表现出来。

3. 事故树分析法（FTA）

事故树分析法是一种图形演绎的系统安全分析方法，是对故障事件在一定条件下的逻辑推理。它从分析特定事故或故障开始，逐层分析其发生原因。一直分析到不能再分解为止，再将特定的事故和各层原因之间用逻辑门符号连接起来，得到形象、简洁的表达其逻辑关系的逻辑树图形。事故树主要用于分析事故的原因和评价事故风险。

4. 工作危险分析法（JHA）

JHA 是目前企业生产风险管理中普遍使用的一种作业风险分析与控制工

具。一般确定待分析的作业活动后，将其划分为一系列的步骤，辨识每一步骤的潜在危害。确定相应的预防措施。该方法能够帮助作业人员正确理解工作任务，有效识别其中的危害与风险以及明确作业过程中的正确方法及相应的安全措施。从而保障工作的安全并具有可操作性。JHA 一般用于作业活动和工艺流程的危害分析。

5. 作业条件危险性分析（LEC）

LEC 是一种风险评价方法。用于评价人们在某种具有潜在危险的环境中进行作业的危险程度，此种方法也可以用于前期的风险辨识。该方法用与系统风险有关的三个因素指标值的乘积来评价操作人员伤亡风险，这三种因素分别是：L（Likelihood，事故发生的可能性）、E（Exposure，人员暴露于危险环境中的频繁程度）和 C（Consequence，一旦发生事故可能造成的后果）。给此三个因素的不同等级分别确定不同的分值，再以三个分值的乘积 D（Danger，危险性）来评价作业条件危险性的大小。

风险辨识的一个重要前提是对风险内涵的深刻理解，有研究者将其概括为不确定损伤事态及其概率和后果的集合，还有学者认为风险既可以是会造成损失的不确定事件本身，也可以是不确定事件发生的概率，还可以是不确定事件造成的损失期望值，总体而言，研究者对风险内涵的理解基本相似：构成风险的必要因素包括风险事态、风险概率和风险损失[3]。

（二）风险评估方法

风险评估采用风险矩阵法对通用风险清单中的风险点进行初步评估，目的是找出企业可能导致群死群伤事故的重特大事故风险点，进一步开展更为精确实时的评估和管控。

风险矩阵法又称风险矩阵图，是一种能够把危险发生的可能性和伤害的严重程度综合评估风险大小的定性的风险评估分析方法。它是一种风险可视化的工具，主要用于风险评估领域。风险矩阵法指按照风险发生的可能性和风险发生后果的严重程度，将风险绘制在矩阵图中，展示风险及其重要性等级的风险管理工具方法。风险矩阵法为企业确定各项风险重要性等级提供了可视化的工具。辨识出每个作业单元可能存在的危害，并判定这种危害可能产生的后果及产生这种后果的可能性，二者相乘，得出所确定危害的风险。然后进行风险分级，根据不同级别的风险，采取相应的风险控制措施。

风险的数学表达式为

$$R_v = L \times S \tag{4-1}$$

式中　R_v——风险值；

　　　L——发生伤害的可能性；

　　　S——发生伤害后果的严重程度。

从偏差发生频率、安全检查、操作规程、员工胜任程度、控制措施五个方面对发生伤害的可能性（L）进行评估取值，取五项得分的最高的分值作为其最终的 L 值，见表 4-1。

表 4-1　发生伤害的可能性判定表

等级	赋值	偏差发生频率	安全检查	操作规程	员工胜任程度	控制措施（监控、联锁、报警、应急措施）
极有可能	5	可能反复出现的事件	无检查（作业）标准或不按标准检查（作业）	无操作规程或从不执行操作规程	不胜任	无任何监控措施或有措施从未投用；无应急措施
有可能	4	可能屡次发生的事件	检查（作业）标准不全或很少按标准检查（作业）	操作规程不全或很少执行操作规程	平均工作 1 年或多数为中学以下文化水平	有监控措施但不能满足控制要求，监控措施部分投用或有时投用；有应急措施但不完善或没演练
少见	3	可能偶然发生的事件	发生变更后检查（作业）标准未及时修订或多数时候不按标准检查（作业）	发生变更后未及时修订操作规程或多数操作不执行操作规程	平均工作年限 1—3 年或多数为高中（职高）文化水平	监控措施能满足控制要求，但经常被停用或发生变更后不能及时恢复；有应急措施但未根据变更及时修订或作业人员不清楚
不大可能	2	不太可能发生的事件	标准完善但偶尔不按标准检查、作业	操作规程齐全但偶尔执行	平均工作年限 4—5 年或多数为大专文化水平	监控措施能满足控制要求，但供电、联锁偶尔失电或误动作；有应急措施但每年只演练一次
几乎不可能	1	几乎不可能发生的事件	标准完善、按标准进行检查、作业	操作规程齐全，严格执行并有记录	平均工作年限超过 5 年或大多为本科及以上文化水平	监控措施能满足控制要求，供电、联锁从未失电或误动作；有应急措施每年至少演练两次

从人员伤亡情况、财产损失、法律法规符合性、环境破坏和对企业声誉影响五个方面对发生伤害后果的严重程度（S）进行评估取值，取五项得分最高的分值作为其最终的 S 值，见表 4-2。

表 4-2 发生伤害的后果严重性判定表

等级	赋值	人员伤亡情况	财产损失	法律法规符合性	环境破坏	对企业声誉影响
可忽略的	1	一般无损伤	一次事故直接经济损失在 5000 元以下	完全符合	基本无影响	本岗位或作业点
轻度的	2	1 至 2 人轻伤	一次事故直接经济损失 5000 元及以上，1 万元以下	不符合公司规章制度要求	设备、设施周围受影响	没有造成公众影响
中度的	3	造成 1 至 2 人重伤，3 至 6 人轻伤	一次事故直接经济损失在 1 万元及以上，10 万元以下	不符合事业部程序要求	作业点范围内受影响	引起省级媒体报道，一定范围内造成公众影响
严重的	4	1 至 2 人死亡，3 至 6 人重伤或严重职业病	一次事故直接经济损失在 10 万元及以上，100 万元以下	潜在不符合法律法规要求	造成作业区域内环境破坏	引起国家主流媒体报道
灾难性的	5	3 人及以上死亡，7 人及以上重伤	一次事故直接经济损失在 100 万元及以上	违法	造成周边环境破坏	引起国际主流媒体报道

确定了 S 和 L 值后，根据式(4-1)计算风险值 R_v，由风险矩阵表判定风险值，见表 4-3。

表 4-3 风险等级判定表

可能性 L		后果 S				
		5	4	3	2	1
		灾难性的	严重的	中度的	轻度的	可忽略的
5	极有可能	25	20	15	10	5
4	有可能	20	16	12	8	4
3	少见	15	12	9	6	3
2	不大可能	10	8	6	4	2
1	几乎不可能	5	4	3	2	1

根据 R_v 的大小将风险级别分为以下四级：

（1）R_v = 15—25，A 级，重大风险；

（2）R_v = 8—12，B 级，较大风险；

（3）R_v = 4—6，C 级，一般风险；

（4）R_v＝1—3，D级，低风险。

二、风险辨识与评估程序

非煤矿山主要包括露天开采系统、地下开采系统、选矿厂以及尾矿库为一体的生产方式，也存在地下矿山、露天矿山和尾矿库为独立系统的开采方式[4]。与传统局部系统对单元中危险有害因素的风险评估方法不同，研究将以非煤矿山地下开采系统、露天开采系统和尾矿库为单元，以系统重点防控风险点为评估主线，划分评估单元，提出一种系统的通用风险清单辨识与评估方法，包括危险部位查找、风险模式辨识、事故类别、后果、风险等级、管控措施、隐患排查内容、违章违规判别方式、监测监控方式、监测监控部位等环节。

（一）统计分析

通过现场调研、事故案例收集、文献查阅等统计调查手段整理事故发生的时间，事故经过，事故发生的直接原因、间接原因，事故类别，事故后果，事故等级等方面基础资料，进行初步分析，再运用国家标准与行业规范，提出风险管控建议。

（二）风险模式分析

对风险的前兆、后果与各种起因进行评价与判断，找出主要原因并进行仔细检查、分析。

（三）风险评价

采用风险矩阵法，辨识出每一项风险模式可能存在的危害，并判定这种危害可能产生的后果及产生这种后果的可能性，二者相乘，确定风险等级。

（四）风险分级与管控措施

依据评估结果，由风险大小依次分 A 级、B 级、C 级、D 级四类，以表征风险高低。在风险辨识和风险评估的基础上，预先采取措施消除或控制风险。

（五）隐患电子违章信息采集

安装在线监测监控系统获取动态隐患及违章信息。根据隐患排查内容，对可能出现的电子违章违规行为、状态、缺陷等，提出判别方式，实施在线监测监控手段，再结合企业潜在的事故隐患自查自报方式，获取违章违规电子证据库。

这种风险分级管控体系是以风险预控为核心，以隐患排查为基础，以违章违规电子证据为重点，以"PDCA"循环管理为运行模式，依靠科学的考核评价机制推动其有效运行，策划风险防控措施，实施跟踪验证，持续更新防控流程。目的是要实现事故的双重预防性工作机制，是基于风险的过程安全管理理念的具体实践，是实现事故预控的有效手段。风险分级管控需要在政府引导下由企业落实主体责任，隐患排查治理需要在企业落实主体责任的基础上由政府督导、监管和执法。二者是上下承接关系，前者是源头，是预防事故的第一道防线，后者是预防事故的末端治理。

单元风险分级评估与隐患违章电子库流程见图 4-1。

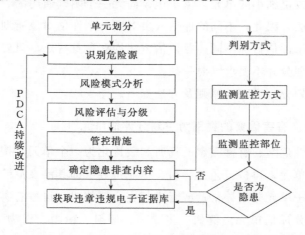

图 4-1　单元风险分级评估与隐患违章电子库流程

三、非煤矿山风险评估单元的划分

评估单元就是在危险、有害因素识别与分析的基础上，根据评估目标和评估方法的需要，将系统分成有限的、确定范围的评估单元。

一个作为评估对象的建设项目、装置（系统），一般是由相对独立、相互联系的若干部分（子系统、单元）组成。各部分的功能、含有的物质、存在的危险和有害因素、危险性和危害性以及安全指标均不尽相同。以整个系统作为评估对象实施评估时，一般按一定的原则将评估对象分成若干个评估单元，分别进行评估，再综合为整个系统的评估。将系统划分为不同类型的评估单元进行评估，不仅可以简化评估工作、减少评估工作量、避免遗漏，而且由于能够得出各评估单元危险性（危害性）的相对大小，避免了以最危险单元的危险性（危害性）来表征整个系统的危险性（危害性），降低了夸大整个系统危险性（危害性）的可能性，从而提高了评估的准确性，降低了采取对策措施所需的安全投入。

（一）评估单元确定的原则和方法

为便于安全风险评估工作的进行，有利于提高评估工作的准确性，评估单元一般以生产工艺、工艺装置、物料的特点和特征与危险、有害因素的类别与分布，有机结合进行划分，还可以按评估的需要将一个评估单元再划分为若干个子评估单元或更细小的单元。由于至今尚无一个明确通用的"规则"来规范单元的划分方法，因此，不同的评估人员对同一个评估对象所划分的评估单元有所不同。由于评估目标不同，各评估方法均有自身特点，只要达到评估的目的，评估单元划分并不要求绝对一致。

评估单元划分应遵循的原则及方法如下。

1. 以危险、有害因素的类别为主划分评估单元

将具有共性危险、有害因素的场所和装置化为一个单元。按危险因素的类别各划分一个单元，再按工艺、物料、作业特点（即其潜在危险、有害因素的不同）划分成子单元分别评估；或者进行安全评估时，可按有害因素（有害作业）的类别划分评估单元。例如，将噪声、辐射、粉尘、毒物、高温、低温、高强度体力劳动危害的场所各划分一个评估单元。

2. 以装置工艺功能划分

（1）按装置工艺功能划分。例如按原料储存区域，反应区域，产品蒸馏区域，吸收或洗涤区域；中间产品储存区域；产品储存区域，运输装卸区域，催化剂处理区域；副产品处理区域；废液处理区域；其他（过滤、干燥、固体处理、气体压缩等）区域。

（2）按设备布置的相对独立性划分。以安全距离、防火墙、防火堤、隔离带等与（其他）装置隔开的区域或装置部分可作为一个评估单元。储存区域内通常以一个或共同防火堤（防火墙、防火建筑物）内的储罐、储存空间作为一个评估单元。

（3）按装置工艺条件划分评估单元。按操作温度、压力范围的不同，划分为不同的评估单元；按开车、加料、卸载、正常运转、添加剂、检修等不同作业条件划分为评估单元。

3. 按储存、处理危险物质的潜在化学能、毒性和危险物质的数量划分来评估单元

一个储存区域内（如危险品库）储存不同危险物质，为了能够正确识别其相对危险性，可做不同单元处理。为避免夸大评估单元的危险性，评估单元的可燃、易燃、易爆等危险物质应有最低限量。

4. 以事故后果范围划分评估单元

将发生事故能导致停产、波及范围大、造成巨大损失和伤害的关键设备作为一个评估单元，将危险、有害因素大且资金密度大的区域作为一个评估单元，将危险、有害因素特别大的区域、装置作为一个评估单元，将具有类似危险性潜能的单元合并为一个大评估单元。

5. 依据评估方法的有关具体规定划分

ICI蒙德火灾、爆炸、毒性指标法，需要结合物质系数以及操作过程、环境或装置，采区措施前后的火灾、爆炸、毒性和整体危险性指数等，划分评估单元；故障假设分析方法则按问题分门别类，例如按照电气安全、消防安全、人员安全等问题分类划分评估单元；模糊综合评判法需要从不同的角度（或不同层面）划分评估单元，再根据每个单元中多个制约因素对事物做综合评估，建立各评估集。

综上所述，划分评估单元应注意：在进行危险、有害因素识别、安全评估工作之前，应设计一套合适的工作表格，按照一定的方法来划分企业的作业活动，保证危险、有害因素识别工作的全面性。另外，在划分作业活动单元时，一般不会单一采用某一种方法，往往是多种方法同时采用。但是应注意，在同一划分层次上，一般不使用第二种划分方法。因为如果这样做，很难保证对危

险、有害因素识别的全面性。

（二）评估单元的划分结果

根据企业有关技术资料和现场调查、类比调查的结果，以及地下矿山、露天矿山、尾矿库系统特点，首先在危险有害因素辨识、分析的基础上，遵循突出重点，抓主要环节的原则，将整个系统划分如下评估单元，见表 4-4。

表 4-4　安全评估单元划分

评估对象	评估单元	部位
非煤矿山 开采系统	地下矿山	井巷、采场、炸药库、巷道、放矿口、充填站、充填管路、通风机房、作业面、配电硐室、提升系统、天溜井、用电设施场所、防排水系统、机修厂、机修硐室、油库、加油站、风压机房、地面供水站等
	露天矿山	工作平台、边坡、运输道路、配电系统、用电设施场所、防排水系统、机修厂、机修硐室、油库、加油站、风压机房等
	尾矿库	坝体、排洪构筑物、库区道路、尾矿库用电设施、监测监控设施、应急设施及器材、周边环境等

四、非煤矿山通用风险辨识与评估清单

总结典型地下矿山、露天矿山及尾矿库三个单元风险辨识和事故案例辨析结果，参照法律法规及行业标准等，结合所划分单元，重点关注危险部位及关键作业岗位，参照《企业职工伤亡事故分类》（GB 6441）识别典型事故风险点。

对每个单元以典型事故风险点为主线，按照易发部位、关键岗位、危险场所、人员聚集区、风险模式、可能导致后果、主要致灾因素等对各单元内辨识对象事故风险点逐项编制、核实、删减至具有通用代表性风险信息表。分析事故后果严重程度，并提出与风险模式相对应的管控对策。

此外，按照隐患排查内容、要求查找隐患，并对可能出现的违章违规行为、状态、缺陷等，利用在线监测监控系统摄取电子违章证据，最终形成安全风险与隐患违章信息表。

与安全风险与隐患违章信息表制作相关的关键术语的释义[5] 如下。

① 危险部位：各评估单元具有潜在能量和物质释放危险的、可造成人员

伤害、在一定的触发因素作用下发生事故的部位。

② 风险模式：风险的表现形式，风险的出现方式或风险对操作的影响。

③ 事故类别：参照《企业职工伤亡事故分类》（GB 6441）事故类别与定义。如，溃坝在标准中事故类别为其他。

④ 事故后果：某种事件对目标影响的结果。事件导致的最严重的后果，用人员伤害程度、财产损失、系统或设备设施破坏、社会影响力度量。

⑤ 风险等级：单一风险或组合风险的大小，以后果和可能性的组合来表达。

⑥ 风险管控措施：与参考依据一一对应，主要依据国家标准和行业规范，针对每一项风险模式从标准或规范中找出对应的管控措施并列出。如《金属非金属矿山安全规程》（GB 16423）、《尾矿库安全规程》（GB 39496）、《磷石膏库安全技术规程》（AQ 2059）、《尾矿库安全监测技术规范》（AQ 2030）等。

⑦ 隐患违规电子证据：按照隐患排查内容、要求查找隐患，并对可能出现的电子违章违规行为、状态、缺陷等，利用在线监测监控系统摄取违章证据，为远程执法提供证据。

⑧ 判别方式：根据排查的内容，判别是否出现的违章违规行为、状态、管理缺陷等。

⑨ 监测监控方式：捕获隐患的信息化手段，主要有在线监测、监控、无人机摄取、日常隐患或分析资料的上传等。

⑩ 监测监控部位：监测监控设备进行实时在线展示的重点部位或事故易发部位。

综合考虑可能出现的事故类型与事故后果，运用风险矩阵法对每一项进行评估，确定风险等级。

最终，构建出地下矿山、露天矿山、尾矿库单元通用风险辨识与评估清单，形成通用安全风险与隐患违规电子证据信息，覆盖各类型非煤地下矿山、露天矿山、尾矿库运行中的潜在安全风险。附通用风险辨识与评估清单样表，见表4-5～表4-7。

表4-5　地下矿山通用风险辨识与评估清单样表

部位	作业或活动名称	安全风险评估与管控						隐患违规电子证据			
		风险模式	事故类别	事故后果	风险等级	风险管控措施	参考依据	隐患检查内容	判别方式	监测监控方式	监测监控部位
井巷采场	凿岩	通风不良,未进行气体检测或监测设施失效,有害气体超标,导致人员中毒窒息	中毒窒息	人员伤亡		1.作业前通风至少15min;2.作业前检测有害气体浓度;3.班长、安全员每班进行巡查	《金属非金属矿山安全规程》GB 16423—2020	作业前是否进行有效通风,有害气体浓度是否超标	通过监测设施判断作业前是否进行有效通风,有害气体浓度是否超标	作业面通风监测/有害气体浓度监测	凿岩作业面
		顶帮浮石未及时检查及处理,浮石冒落,人员致物体打击	物体打击	人员伤亡、财产损失、设备设施损坏		1.敲帮问顶,仔细观察顶板及围岩情况;2.合理利用撬毛台车进行现场排险;3.严格按照岗位、监护、问顶、退出路顺序排险;4.安全员班长每班巡查做好监督	《金属非金属矿山安全规程》GB 16423—2020	是否定期进行敲帮问顶检查作业	通过视频判断是否定期进行敲帮问顶问题处置	视频	—
		岩石节理发育,顶板不稳固,未及时检查及处理,顶板失稳,导致冒顶片帮	冒顶片帮	人员伤亡、财产损失、设备设施损坏		1.敲帮问顶,仔细观察顶板及围岩情况;2.选择合适的支护方法;2.钻孔间排距间距合理;3.安全巡查员,班长进行安全巡查;4.注意观测顶板冒落预兆	《金属非金属矿山安全规程》GB 16423—2020)	是否定期对顶板结构进行检查,对顶板稳定性进行分级,对不稳固顶板进行有效支护	在线录入顶板问题及敲帮问顶处置情况	—	—
…	…	…	…	…		…		…		…	…
…											…

表4-6 露天矿山通用风险辨识与评估清单样表

部位	作业或活动名称	安全风险评估与管控						隐患违规电子证据			
		风险模式	事故类别	事故后果	风险等级	风险管控措施	参考依据	隐患检查内容	判别方式	监测监控方式	监测监控部位
井巷、采场	凿岩	爆破警戒不到位,爆破时人员进入爆破警戒区域,导致放炮放炮事故	放炮	人员伤亡		按设计设置警戒范围	《爆破安全规程》GB 6722—2014	爆破前是否有人员进入爆破警戒区域	通过视频监控判断爆破前是否有人员进入爆破区域	视频	爆破警戒区
		爆破参数不合理,爆破作业产生飞石,实际飞石抛掷距离超出设计安全距离	物体打击	人员伤亡、财产损失、设备设施损坏		1. 爆破飞石抛掷距离超出安全距离,立即优化爆破参数,重新划定警戒区域; 2. 监测爆破区域爆破飞石距离	《爆破安全规程》GB 6722—2014	判断实际飞石抛掷距离超出设计安全距离	作业前,通过判断实际飞石抛掷距离超出设计安全距离	视频	爆破警戒区
		爆破后,通风不彻底,炮烟未消散,有毒有害气体超标,人员进入,导致中毒窒息	中毒窒息	人员伤亡		1. 爆破后,加强通风,通风至少15min后,人员方可进入; 2. 实时监测爆破区域有毒有害气体,如超标,禁止人员进入	《爆破安全规程》GB 6722—2014	有毒有害气体是否超标	实时监测爆破区域有毒有害气体是否超标	监测	爆破警戒区
...	...	...	...	...		...		...	...	...	...

表 4-7　尾矿库单元通用风险辨识与评估清单样表

部位	作业或活动名称	风险模式	事故类别	事故后果	风险等级	风险管控措施	参考依据	隐患检查内容	判别方式	监测监控方式	监测监控部位
坝体	放矿	放矿不均匀,在坝体较长时未采用分段交替作业,出现侧坡,扇形坡、积水坑或细粒尾矿大量集中在某一侧,坝体稳定性不足,引发溃坝	其他(溃坝)	人员伤亡,财产损失,设备设施损坏,有公众影响		放矿时应有专人管理,不得脱岗。坝体较长时应采用分段交替作业,使坝体均匀上升,应避免滩面出现侧坡、扇形坡或细粒尾矿大量集中沉积于某端或某侧	《尾矿库安全规程》GB 39496—2020	放矿时有无人员脱岗。放矿滩面是否平整	判断放矿时有无人员脱岗。判断放矿滩面是否平整	视频	放矿区域、滩面
		矿浆冲刷初期坝和子坝,坝体损坏,导致溃坝	其他(溃坝)	人员伤亡,财产损失,设备设施损坏,有公众影响		矿浆排放不得冲刷初期坝和子坝,严禁矿浆沿子坝内坡趾流动冲刷坝体	《尾矿库安全规程》GB 39496—2020	矿浆是否冲刷子坝	判断矿浆是否冲刷子坝	视频	放矿区域
…	…	…	…	…		…	…	…	…	…	…

第二节　非煤矿山"五高"风险辨识评估

一、"五高"风险辨识与评估程序

在通用风险辨识评估的基础上，找出企业可能引发群死群伤事故的重大事故风险点，为了进一步对这些重大事故风险点实现更为精确动态的实时评估，重点研究了基于遏制重特大事故的非煤矿山"五高"风险辨识评估体系[6]。

"五高"风险辨识是指人们运用各种方法系统、连续地认识某个系统的"五高"风险，并分析事故发生的潜在原因。基于事故统计、文献查询、现场调研与法律法规等资料，研究企业风险辨识评估技术与防控体系，注重理论、技术、方法研究，重点研究和解决企业安全固有、动态风险管理与防控的关键技术问题及其在工程领域的应用。"五高"安全风险辨识与评估工作主要包括

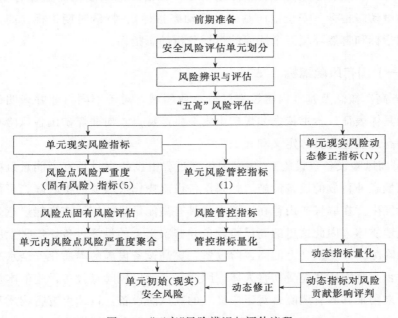

图 4-2　"五高"风险辨识与评估流程

前期准备、风险单元划分、"五高"风险辨识与评估。"五高"风险辨识与评估流程，见图 4-2。

二、单元 "5+1+N" 风险指标体系

在典型突发性重特大事故案例分析的基础上，结合地下矿山、露天矿山及尾矿库安全风险系统基本特征及其已有研究内容，遵循科学性、可操作性、相对完备性、相对独立性及针对性为原则选取典型指标，形成以典型重大风险点的固有风险指标体系与动态风险指标体系。在地下矿山、露天矿山及尾矿库单元安全风险系统分析的基础上，将易发重特大事故类型作为三个单元灾害事故管控的重点。根据评估程序及前期资料收集与分析，形成"五高"固有风险指标体系与动态风险指标体系[7]。

"5+1+N"风险辨识指标体系是基于现实风险与动态调控的重大风险辨识指标体系的研究。将重大风险指标分为固有风险指标（5）、风险管控指标（1）与单元现实风险动态修正指标（N）。其中，"5"指高风险设备、高风险物品、高风险场所、高风险工艺、高风险作业；"1"为单元高危风险管控指标；"N"为单元现实风险动态修正指标，包括高危风险监测监控特征指标、事故隐患动态指标（安全生产基础管理动态指标）、特殊时期指标、高危风险物联网指标和自然环境五个层面的指标分析动态指标。

（一）固有风险指标（"5"）

"五高"概念及基本内涵没有区分行业领域，对于不同行业并未明确"五高"的具体表征，本书依据非煤矿山安全生产特点，对非煤矿山各风险点"五高"固有风险进行具体定义和表征[8,9]。

① 高风险设备（设施） 定义为生产过程中设备本身具有高能量且能够约束高能量意外释放的设备设施。如果设备设施操作失误或产生故障，可能导致事故的发生。在非煤矿山存在一些本身具有高能量且能够约束高能量意外释放的承载地质体，因此这里的高风险设备并非狭义上的设施设备，广义上应为第二类危险源。对于狭义上的高风险设备，提高设备设施的本质化安全水平能够有效防止有害物质和能量伤害人体。因此，一般以风险点设备设施的本质化安全水平来衡量其固有风险；对于广义上的高风险设备，以约束有害物质和能量意外释放的能力来衡量，如冒顶片帮风险点的顶板作为高风险设备（设施），

稳固状态的围岩自身能够作为承载体约束破碎岩块冒落，以围岩稳固状态来衡量冒顶片帮风险点高风险设备（设施）固有风险。

②　高风险物品　以风险点的有害物质或者有害能量载体进行定义，即第一类危险源，以物品存量和能量大小衡量高风险物品固有风险。

③　高风险场所　风险点所在的作业场所人员及事故波及范围内人员暴露在有害物质和有害能量的危险下，这些人员的数量和暴露时间，决定了事故发生后可能导致的人员伤亡严重程度，因此以风险点所在的作业场所及事故波及范围定义高风险场所，以人员的暴露指数衡量高风险场所固有风险。

④　高风险工艺　矿山生产运行和安全状态关键指标的失控可能引发事故，对这些关键指标的监测监控是保障矿山安全生产的重要环节，因此以风险点监测监控定义高风险工艺，以监测监控设施的失效率衡量高风险工艺固有风险。

⑤　高风险作业　矿山生产涉及多种危险作业、特种设备作业和特种作业活动，这些作业活动的失误，可能导致重特大事故。因此一般以危险作业、特种设备作业和特种作业来定义高风险作业，以高风险作业的种类衡量高风险作业固有风险。

1. 地下矿山固有风险指标

地下矿山事故中，以坠罐事故、跑车事故、火灾事故、透水事故、冒顶片帮事故发生频率高或后果严重，因此地下矿山开采涉及坠罐事故风险点、跑车事故风险点、火灾事故风险点、透水事故风险点和冒顶片帮事故风险点五个典型风险点。

（1）坠罐事故风险点固有风险指标、要素的筛选：罐笼提升系统的操作失误和故障，可能导致坠罐事故的发生，因此坠罐事故风险点的高风险设备为罐笼提升系统，以罐笼提升系统的本质化安全水平衡量高风险设备固有危险指数 h_s；罐笼提升系统监测监控设施的完好性反映了企业对其运行和安全状态关键指标控制的可靠性，因此坠罐事故风险点的高风险工艺为罐笼提升系统监测监控，以监测监控设施完好性作为高风险工艺修正系数 K_1；罐笼附近的作业人员及乘罐人员，决定了坠罐事故发生后可能导致的人员伤亡后果严重性，因此坠罐事故风险点的高风险场所为罐笼，以罐笼附近的作业人员及乘罐人员暴露指数作为高风险场所人员暴露指数 E；罐笼中的物料和人员具有高势能，是导致坠罐事故的能量来源，总势能大小与竖井井深有关，因此将坠罐事故风险点的高危险物品定义为罐笼中的物料和人员，以井深作为高风险物品危险指数 M；罐笼提升系统涉及设备检修作业、电梯操作、金属非金属矿山安全检查作业、金属非金属矿山提升机操作作业等危险作业、特种设备作业和特种作业，这些作业活动的失误可能导致坠罐事故的发生，以这些作业活动的种类数作为高风险作业危险性修正系数 K_2。

（2）跑车事故风险点固有风险指标、要素的筛选：斜井人车提升系统的操作失误和故障，可能导致跑车事故的发生，因此跑车事故风险点的高风险设备为斜井人车提升系统，以斜井人车提升系统的本质化安全水平作为高风险设备固有危险指数 h_s；斜井人车提升系统监测监控设施的完好性反映了企业对人车运行和安全状态关键指标控制的可靠性，因此跑车事故风险点的高风险工艺为斜井人车提升系统监测监控，以监测监控设施完好性作为高风险工艺修正系数 K_1；井底车场作业人员和乘车人员，决定了跑车事故发生后可能导致的人员伤亡后果严重性，因此跑车事故风险点的高风险场所为斜井人车及井底车场，以井底车场作业人员和乘车人员暴露指数作为高风险场所人员暴露指数 E；斜井人车中的物质和人员具有高势能，是跑车事故的能量来源，总势能大小与斜井井深有关，因此将跑车事故风险点的高危险物品定义为人车中的物料和人员，以垂直井深作为高风险物品危险指数 M；斜井人车提升系统涉及设备维修作业、企业内机动车辆驾驶作业、金属非金属矿山安全检查作业、金属非金属矿山提升机操作作业等危险作业、特种设备作业和特种作业，这些作业活动的失误可能导致跑车事故的发生，以这些作业活动的种类数作为高风险作业危险性修正系数 K_2。

（3）火灾事故风险点固有风险指标、要素的筛选：井下防灭火设施是火灾事故发生后有效遏制火源继续发展蔓延的主要工具，不同的防灭火设施灭火效率具有差异，另外自救器的配备能够有效保护人员免受火灾烟气的危害，减少人员伤亡，因此火灾事故风险点的高风险设备为防灭火设施，以防灭火设施配备等别的作为高风险设备固有风险指数 h_s；火灾监控报警设施的完好性反映了企业对可燃物火灾演化过程关键指标控制的可靠性，因此火灾事故风险点的高风险工艺为火灾监控报警，以监控报警设施完好性作为高风险工艺修正系数 K_1；火灾事故发生后，有毒有害气体将会顺着风流污染火源下游空气，火源点所在中段的人员都可能受到影响，该中段的人员，决定了火灾事故发生后可能导致的人员伤亡后果严重性，因此火灾事故风险点的高风险场所为可燃物存放中段，以该中段的人员暴露指数作为高风险场所人员暴露指数 E；井下储存的可燃物具有高化学能并能产生有毒有害气体，是产生火灾事故的能量和有害物质来源，主要有油品、具有自燃倾向的矿石、非阻燃材料等，其燃烧失控后的危害与可燃物存放量有关，因此将火灾事故风险点的高危险物品定义为井下所存储的可燃物，以可燃物存量作为高风险物品危险指数 M；临时用电作业、动火作业、压力容器（焊接气瓶）操作、焊接与热切割作业、金属非金属矿山安全检查作业、金属非金属矿山井下电气作业、金属非金属矿井通风作业等危险作业、特种设备作业和特种作业，这些作业活动的失误可能导致火灾事故的发生，以这些作业活动的种类数作为高风险作业危险性修正系数 K_2。

（4）透水事故风险点固有风险指标、要素的筛选：地下矿山防治水措施主要是对充水水源及充水通道的控制，主要采取"防、堵、疏、排、截"的综合治理措施，这些措施相关设施的缺失和失效，将加大水害矿山发生透水事故的风险，因此透水事故风险点的高风险设备为防排水设施，以未按要求设置防排水设施的种类作为高风险设备固有危险指数 h_s；地下矿山水灾监测监控设施的完好性反映了企业对水灾演化过程关键指标控制的可靠性，因此透水事故风险点的高风险工艺为水灾监测监控，以监测监控设施完好性作为高风险工艺修正系数 K_1；透水事故发生后，矿井最低中段往往首先被淹，该中段受水灾威胁最大，本书将最低中段作为透水事故风险点的高风险场所，以该中段的人员作为高风险场所人员暴露指数 E；矿坑充水水源是导致透水事故发生的有害物质，透水事故发生概率以及透水量，与矿区水文地质类型有关，因此将透水事故风险点的高危险物品定义为矿坑充水水源，以矿区水文地质类型作为高风险物品危险指数 M；探放水作业、金属非金属矿山安全检查作业、金属非金属矿山排水作业等特种作业的违章和失误，有可能导致透水事故的发生，因此以这些作业活动的种类数作为高风险作业危险性修正系数 K_2。

（5）冒顶片帮事故风险点固有风险指标、要素的筛选：冒顶片帮事故主要是带压顶板卸载后，所受应力超过岩体强度，破坏并脱离岩体，重力势能转化为动能，发生冒落，稳固状态的顶板自身能够作为承载体能够抵抗地应力并约束破碎岩块冒落，因此冒顶片帮事故风险点的高风险设备为顶板，以顶板工程地质条件与应力条件来衡量冒顶片帮风险点高风险设备固有危险指数 h_s；地压监测监控设施的完好性反映了企业对顶板稳定性关键指标控制的可靠性，因此冒顶片帮事故风险点的高风险工艺为地压监测监控，以监测监控设施完好性作为高风险工艺修正系数 K_1；暴露在不稳固顶板下的作业人员，决定了冒顶片帮事故发生后可能导致的人员伤亡后果严重性，因此冒顶片帮事故风险点的高风险场所为不稳固顶板巷道及采空区，以不稳固顶板下的作业人员暴露指数作为高风险场所人员暴露指数 E；不稳固顶板储存势能，如果未进行空区处理（支护、充填等），不稳固顶板可能失稳脱离岩体，重力势能转化为动能发生冒落，是产生冒顶片帮事故的能量来源，总势能大小与顶板暴露面积有关，因此将冒顶片帮事故风险点的高危险物品定义为空顶，以顶板暴露面积作为高风险物品危险指数 M；金属非金属矿山安全检查作业、金属非金属矿山支柱作业、金属非金属矿山爆破作业等特种作业的失误可能导致冒顶片帮事故的发生，以这些作业活动的种类数作为高风险作业危险性修正系数 K_2。

地下矿山各风险点"五高"固有风险指标及表征如表 4-8 所示。

表 4-8　地下矿山各风险点"五高"固有风险清单

典型事故风险点	风险因子	要素	指标描述	特征值	
坠罐事故风险点	高风险设备	载人罐笼提升系统	设备本质安全化水平	危险隔离（替代）	
				故障安全	失误安全
					失误风险
				故障风险	失误安全
					失误风险
				视频监控设施	失效率
	高风险物品	罐笼中的物质和人员	高度（井筒深度）	依据《金属非金属地下矿山重大危险源辨识与分级》(DB13/T 2259—2015)进行分档	五档
	高风险场所	罐笼	人员风险暴露指数	以罐笼下方作业人员和乘罐人员确定	五档
	高风险工艺	监测监控设施	监测监控设施完好水平	钢丝绳在线检测	失效率
				视频监控设施	失效率
	高风险作业	危险作业	高风险作业种类	设备检修作业	
		特种设备作业		电梯操作	
		特种作业		金属非金属矿山安全检查作业	
				金属非金属矿山提升机操作作业	

续表

典型事故风险点	风险因子	要素	指标描述	特征值	
跑车事故风险点	高风险设备	斜井人车提升系统	设备本质安全化水平	危险隔离（替代）	
				故障安全	失误安全
					失误风险
				故障风险	失误安全
					失误风险
	高风险物品	斜井人车中的物质和人员	垂直井深	依据《金属非金属地下矿山重大危险源辨识与分级》（DB13/T 2259—2015）进行分档	五档
	高风险场所	斜井人车及井底车场	人员风险暴露指数	以井底车场作业人员和乘车人员确定	五档
	高风险工艺	监测监控设施	监测监控设施完好水平	钢丝绳在线检测	失效率
				视频监控设施	失效率
	高风险作业	危险作业	高风险作业种类	设备维修作业	
		特种设备作业		企业内机动车辆驾驶作业	
		特种作业		金属非金属矿山安全检查作业	
				金属非金属矿山提升机操作作业	
火灾事故风险点	高风险设备	防灭火设施	防灭火设施分类	四种防灭火设施	四档
	高风险物品	可燃物	油类	依据《危险化学品重大危险源辨识》（GB 18218—2018）的相关临界量分类	五档
			具有自燃倾向的矿石	按矿石是否有自燃倾向进行分类	两档
			非阻燃材料	按矿山是否采用非阻燃电缆、皮带、支架等材料进行分类	两档
	高风险场所	可燃物存放区中段	人员风险暴露指数	以可燃物存放区中段作业人员确定	五档
	高风险工艺	监测监控设施	监测监控设施完好水平	有毒有害气体监（检）测（CO、NO_2、O_2 等）	失效率
				温度报警监测	失效率
				视频监控（明火）	失效率

续表

典型事故风险点	风险因子	要素	指标描述	特征值	
火灾事故风险点	高风险作业	危险作业	高风险作业种类	临时用电作业	
				动火作业	
		特种设备作业		压力容器(焊接气瓶)操作	
				焊接与热切割作业	
		特种作业		金属非金属矿山安全检查作业	
				金属非金属矿山井下电气作业	
				金属非金属矿井通风作业	
透水事故	高风险设备	防排水设施	未按要求设置防排水设施的种类	以未按要求设置"防、堵、疏、排、截"综合治理设施的种类进行赋值	五档
	高风险物品	矿坑充水水源	矿区水文地质类型	依据《有色金属矿山水文地质勘探规范》(GB 51060—2014)进行分类	三档
	高风险场所	最低中段	人员风险暴露指数	以最低中段作业人员确定	五档
	高风险工艺	监测设施	监测监控完好水平	探水	探水率
				降水量	失效率
				涌水量	失效率
				探水作业面视频监控	失效率
	高风险作业	特种作业	高风险作业种类	探放水作业	
				金属非金属矿山安全检查作业	
				金属非金属矿山排水作业	
冒顶片帮事故风险点	高风险设备	顶板	工程地质条件与应力条件	依据《工程岩体分级标准》(GB/T 50218—2014)进行分级	分五档
	高风险物品	空顶	顶板暴露面积	依据《金属非金属地下矿山重大危险源辨识与分级》(DB13/T 2259—2015)进行分档	分三档
	高风险场所	不稳固顶板巷道及采空区	人员风险暴露指数	以不稳固顶板巷道及采空区作业人员确定	分五档

续表

典型事故风险点	风险因子	要素	指标描述	特征值	
冒顶片帮事故风险点	高风险工艺	监测设施	监测设施完好水平	采区顶板沉降监测	失效率
				地表沉降监测	失效率
	高风险作业	特种作业	高风险作业种类	金属非金属矿山安全检查作业	
				金属非金属矿山支柱作业	
				金属非金属矿山爆破作业	

2. 露天矿山固有风险指标

露天矿山事故中，边坡坍塌（滑坡）、放炮和排土场坍塌（泥石流）事故发生频率高或后果严重，因此露天矿山开采涉及坠边坡坍塌（滑坡）事故风险点、爆破事故（放炮）风险点和排土场坍塌（泥石流）风险点三个典型风险点。

（1）边坡坍塌（滑坡）事故风险点固有风险指标、要素的筛选：边坡坍塌（滑坡）事故主要是边坡岩体卸载后，滑动块体的下滑力超过了抗滑力，脱离母岩，重力势能转化为动能，发生滑动，稳固状态的边坡岩体能够依靠自身的强度抵抗下滑力，因此边坡坍塌（滑坡）事故风险点的高风险设备为边坡岩体，以边坡岩体的安全系数来衡量边坡坍塌（滑坡）事故风险点高风险设备固有危险指数 h_s；监测监控设施的完好性反映了企业对边坡岩体稳定性关键指标控制的可靠性，因此边坡坍塌（滑坡）事故风险点的高风险工艺为监测监控，以监测监控设施完好性作为高风险工艺修正系数 K_1；暴露在不稳固高陡边坡下的作业人员，决定了边坡坍塌（滑坡）事故发生后可能导致的人员伤亡后果严重性，因此边坡坍塌（滑坡）事故风险点的高风险场所为边坡下作业平台，以边坡下作业平台人员暴露指数作为高风险场所人员暴露指数 E；高陡边坡上的不稳固滑动体具有高势能，是产生坍塌事故的能量来源，总势能大小与边坡规模有关，因此将边坡坍塌（滑坡）事故风险点的高风险物品定义为高陡边坡，以边坡高度作为高风险物品危险指数 M；金属非金属矿山安全检查作业、金属非金属矿山排水作业、金属非金属矿山爆破作业等特种作业的失误可能导致边坡坍塌（滑坡）事故的发生，以这些作业活动的种类数作为高风险作业危险性修正系数 K_2。

（2）放炮事故风险点固有风险指标、要素的筛选：爆破警戒区内的监测监控设施的完好性反映了企业对爆破过程关键因素控制的可靠性，因此放炮事故风险点的高风险工艺为水灾爆破警戒区内的监测监控，以监测监控设施完好性作为高风险工艺修正系数 K_1；爆破警戒区的作业人员，决定了爆破事故发生后可能导致的人员伤亡后果，将爆破警戒区作为放炮事故风险点的高风险场所，爆破警戒区人员暴露指数作为高风险场所人员暴露指数 E；爆破用的炸药储存大量的化学能并能释放出大量有毒有害气体，是导致放炮事故人员伤亡的主要原因，其危险性与一次爆破总药量有关，因此将放炮事故风险点的高危险物品定义为炸药，以爆破工程分级作为高风险物品危险指数 M；露天矿山金属非金属矿山安全检查作业、金属非金属矿山排水作业、金属非金属矿山爆破作业等特种作业的违章和失误，有可能导致放炮事故的发生，因此以这些作业活动的种类数作为高风险作业危险性修正系数 K_2。放炮事故风险点无高风险设备，其固有风险表现为"四高"。

（3）排土场坍塌（泥石流）事故风险点固有风险指标、要素的筛选：排土场坍塌（滑坡）事故主要是废石松散堆积体的下滑力超过了抗滑力，重力势能转化为动能，发生滑动，稳固状态的废石堆积体能够依靠自身的摩擦力抵抗下滑力，因此排土场坍塌（滑坡）事故风险点的高风险设备为废石堆积体，以废石堆积体的安全系数来衡量排土场坍塌（滑坡）事故风险点高风险设备固有危险指数 h_s；监测监控设施的完好性反映了企业对废石堆积体稳定性关键指标控制的可靠性，因此排土场坍塌（滑坡）事故风险点的高风险工艺为监测监控，以监测监控设施完好性作为高风险工艺修正系数 K_1；暴露在排土场下游（排土场高度两倍的距离）的人员，决定了排土场坍塌（滑坡）事故发生后可能导致的人员伤亡后果严重性，因此排土场坍塌（滑坡）事故风险点的高风险场所为排土场下游，以排土场下游人员暴露指数作为高风险场所人员暴露指数 E；排土场高陡边坡上的不稳固松散体具有高势能，是产生坍塌事故的能量来源，总势能大小与排土场边坡规模有关，因此将排土场坍塌（滑坡）事故点的高风险物品定义为高陡边坡，以边坡高度作为高风险物品危险指数 M；金属非金属矿山安全检查作业、金属非金属矿山排水作业等特种作业的失误可能导致排土场坍塌（滑坡）事故的发生，以这些作业活动的种类数作为高风险作业危险性修正系数 K_2。

露天矿山各风险点"五高"固有风险指标及表征如表 4-9 所示。

表 4-9 露天矿山各风险点"五高"固有风险清单

典型事故 风险点	风险因子	要素	指标描述	特征值	
边坡坍塌 (滑坡)事 故风险点	高风险 设备	边坡岩体	安全系数	依据《金属非金属露天矿山高陡边坡安全监测技术规范》(AQ 2063—2018)进行分级	四档
	高风险 物品	高陡边坡	边坡高度	依据《金属非金属露天矿山高陡边坡安全监测技术规范》(AQ 2063—2018)进行分级	四档
	高风险 场所	边坡下 作业平台	人员风险 暴露指数	以边坡下作业平台作业人员确定	五档
	高风险 工艺	监测监控	监测监控 完好水平	坡体表面位移	失效率
				坡体内部位移	失效率
				边坡裂缝	失效率
				采动应力	失效率
				质点速度	失效率
				渗透压力	失效率
				地下水位	失效率
				降水量	失效率
				视频监控	失效率
	高风险 作业	特种作业	高风险 作业种类	金属非金属矿山安全检查作业	
				金属非金属矿山排水作业	
				金属非金属矿山爆破作业	
爆破事故 (放炮) 风险点	高风险 工艺	监测监控	监测监控 完好水平	爆破视频监控	失效率
				雷电静电监测	失效率
	高风险 场所	爆破区	人员风险 暴露指数	以风险点波及人员确定	五档
	高风险 物品	炸药	爆破工程 分级	依据《爆破安全规程》(GB 6722—2014)进行分级	三或四档
	高风险 作业	特种作业	高风险 作业种类	金属非金属矿山安全检查作业	
				金属非金属矿山排水作业	
				金属非金属矿山爆破作业	

续表

典型事故风险点	风险因子	要素	指标描述	特征值	
排土场坍塌（泥石流）风险点	高风险设备	废石堆积体	安全系数	依据《冶金矿山排土场设计规范》(GB 51119—2015)进行分级	四档
	高风险物品	高陡边坡	堆置高度	依据《冶金矿山排土场设计规范》(GB 51119—2015)进行分级	四档
			排土容积		
	高风险场所	排土场下游区	人员风险暴露指数	以排土场下游（排土场高度两倍的距离）波及人员确定	五档
	高风险工艺	监测系统	监测设施完好水平	坡体表面位移	失效率
				坡体内部位移	失效率
				降水量	失效率
				视频监控	失效率
	高风险作业	特种作业	高风险作业种类	金属非金属矿山安全检查作业	
				金属非金属矿山排水作业	

3. 尾矿库固有风险指标

尾矿库遏制重特大安全事故，需重点关注溃坝风险。尾矿库中拦挡尾砂和库内积水的承载体为坝体，稳定的坝体能够抵抗尾砂和库内积水的荷载，而现状安全系数是反映坝体某一时刻点稳定状态的关键指标；另外筑坝工艺影响坝体堆积全过程中的坝体稳定状态，主要体现在筑坝方式、堆存方式、尾砂类型的差异，因此本书将尾矿库溃坝风险点的高风险设备定义为坝体，以坝体现状安全系数和筑坝工艺作为高风险设备固有危险指数 h_s。

尾矿库的监测监控设施的完好性反映了企业对坝体稳定性关键指标控制的可靠性，因此尾矿库溃坝事故风险点的高风险工艺为监测监控，以监测监控设施完好性作为高风险工艺修正系数 K_1。

尾矿库内作业人员及下游溃坝波及范围内居民，决定了溃坝事故发生后可能导致的人员伤亡后果严重性，具体的溃坝波及范围应根据实际尾矿库溃坝后果分析确定，本书暂以下游 1km 范围定义，因此尾矿库溃坝事故风险点的高风险场所为库区及下游 1km 范围，以库区及下游 1km 范围的人员暴露指数作为高风险场所人员暴露指数 E。

尾矿库中储存的尾矿、库内蓄水和库内洪水具有高势能，是产生溃坝事故的能量来源。有效库容决定了储存尾矿的量；澄清库容决定了尾矿库正常运行状态下库内蓄水量；调洪库容决定了洪水状态下的库内洪水量，调洪库容主要根据库区汇水面积和日最大降水量设计确定；而澄清库容、有效库容、调洪库容和安全库容构成了全库容，因此现状坝高和现状全库容能够综合反映尾矿库所储存物质的总势能大小。另外汛期尾矿库积水大部分来自入库洪水，而排洪设施是及时排出库内洪水维持库水位稳定、保持库内洪水量不超过调洪库容的重要设施，不同类型排洪设施泄洪能力具有差异，影响着出库洪水量。因此将尾矿库溃坝事故风险点的高危险物品定义为尾矿、库内蓄水和库内洪水，以尾矿库的现状坝高、现状库容和排洪设施泄洪能力作为高风险物品危险指数 M。

尾矿库涉及金属非金属矿山安全检查作业、尾矿作业、专用机动车辆作业等特种作业和特种设备操作作业，这些作业活动的违章或失误可能导致溃坝事故的发生，以这些作业活动的种类数作为高风险作业危险性修正系数 K_2。

尾矿库溃坝风险点"五高"固有风险指标及表征如表 4-10 所示。

表 4-10　尾矿库溃坝风险点"五高"风险清单

典型事故风险点	风险因子	要素	指标描述	特征值	
溃坝事故风险点	高风险设备	坝体	筑坝方式	四种方式	四档
			堆存方式	两种类型	两档
			尾砂类型	两种类型	两档
			现状安全系数	依据《尾矿库安全规程》（GB 39496—2020）进行分级	五档
	高风险物品	存储尾砂和库内积水	现状坝高	《尾矿库安全规程》（GB 39496—2020）进行分级	五档
			现状库容		
			排洪设施泄洪能力	按不同类型排洪设施的泄洪能力进行分级	五档
	高风险场所	作业区及下游区域	人员风险暴露指数	以作业区作业人员及下游波人员确定	五档
	高风险工艺	监测监控	监测监控设施完好水平	浸润线	失效率
				干滩长度	失效率
				安全超高	失效率
				库水位	失效率
				降水量	失效率
				坝体表面位移	失效率
				坝体内部位移	失效率
				视频监控设施	失效率
	高风险作业	特种作业	高风险作业种类	金属非金属矿山安全检查作业	
				尾矿作业	
		特种设备操作作业	高风险作业种类	专用机动车辆作业	

（二）单元风险管控指标（"1"）

安全生产标准化是企业安全管控水平的重要衡量。《企业安全生产标准化基本规范》（GB/T 33000—2016）指出企业根据自身安全生产实际，从目标职责、制度化管理、教育培训、现场管理、安全风险管控及隐患排查治理、应急管理、事故管理、持续改进8个要素内容实施标准化管理。目前，地下矿山、露天矿山和尾矿库均形成了较为系统的安全生产标准化规范和评分办法，大部分企业已经开展了安全生产标准化工作。因此，可直接以企业安全生产标准化等级衡量单元风险管控指标，指标获取相对简单、合理。

（三）单元现实风险动态修正指标（"N"）

非煤矿山安全风险状态是动态变化的，会随着非煤矿山关键监测指标、管控状态、外部自然环境以及事故大数据分析结果而变化，为准确反映非煤矿山安全风险的实时状态，研究建立了地下矿山、露天矿山和尾矿库事故风险点动态风险指标体系（"N"）。

① 高危风险监测特征指标　动态安全生产在线监测指标的预警结果。监测指标主要依据《非煤矿山地下矿山监测监控系统建设规范》（AQ 2031—2011）、《非煤矿山矿山安全标准化规范地下矿山实施指南》（AQ/T 2050.2—2016）、《金属非金属露天矿山高陡边坡安全监测技术规范》（AQ 2063—2018）、《爆破安全规程》（GB 6722—2014）、《有色金属矿山排土场设计标准》（GB 50421—2018）和《尾矿库安全监测技术规范》（AQ 2030—2010）。

② 安全生产基础管理指标　主要为事故隐患动态指标，包括企业和监管部门按照安全生产标准化或企业隐患排查清单内容排查出的隐患，将其划分为一般事故隐患和重大生产安全事故隐患来评判。

③ 特殊时期指标　法定节假日、国家或地方重要活动等时期。

④ 高危风险物联网指标　近期国内外是否发生典型同类事故。

⑤ 自然环境指标　区域内是否发生气象、地震、地质等灾害。

⑥ 其他指标　矿山生产结束后的处置措施，如闭坑、闭库、销库等。

以上风险因子对地下矿山单元风险进行适时修正，分析指标要素与特征值，构建指标体系框架。以上指标以动态风险清单的形式进行表达，见表4-11～表4-13。

表 4-11　地下矿山动态风险指标

典型事故风险点	风险因子	要素	指标描述	特征值
坠罐事故风险点	高危风险监测特征指标	监测监控系统	监测指标	钢丝绳截面积损失率
				乘罐人数
	安全生产基础管理动态指标	安全生产管理体系	安全保障（制度、人员、机构、教育培训、应急、隐患排查、风险管理、事故管理）	根据隐患类别按安全生产标准化考核办法扣分、修正
		现场管理	设备设施	
			作业行为	
	特殊时期指标	国家或地方重要活动		
		法定节假日		
		相关重特大事故发生后一段时间内		
	高危风险物联网指标	国内外典型案例	网络舆情	
	自然环境	地震灾害	地震通报	
		地质灾害	崩塌、滑坡、泥石流、地裂缝等	
跑车事故风险点	高危风险监测特征指标	监测监控系统	监测指标	钢丝绳截面积损失率
				乘车人数
	安全生产基础管理动态指标	安全生产管理体系	安全保障（制度、人员、机构、教育培训、应急、隐患排查、风险管理、事故管理）	根据隐患类别按安全生产标准化考核办法扣分、修正
		现场管理	设备设施	
			作业行为	
	特殊时期指标	国家或地方重要活动		
		法定节假日		
		相关重特大事故发生后一段时间内		
	高危风险物联网指标	国内外典型案例	网络舆情	
	自然环境	地震灾害	地震监测	
		地质灾害	崩塌、滑坡、泥石流、地裂缝等	

续表

典型事故风险点	风险因子	要素	指标描述	特征值
火灾事故风险点	高危风险监测特征指标	监测监控系统	监测指标	有毒有害气体监(检)测(CO、NO₂、O₂ 等)
				温度报警监测
				视频监控(明火)
	安全生产基础管理动态指标	安全生产管理体系	安全保障(制度、人员、机构、教育培训、应急、隐患排查、风险管理、事故管理)	根据隐患类别按安全生产标准化考核办法扣分、修正
		现场管理	设备设施	
			作业行为	
	特殊时期指标	国家或地方重要活动		
		法定节假日		
		相关重特大事故发生后一段时间内		
	高危风险物联网指标	国内外典型案例	网络舆情	
	自然环境	森林草原灾害	火灾通报	
透水事故风险点	高危风险监测特征指标	监测监控系统	监测指标	涌水量
				降水量
				探水作业面视频监控
	安全生产基础管理动态指标	安全生产管理体系	安全保障(制度、人员、机构、教育培训、应急、隐患排查、风险管理、事故管理)	根据隐患类别按安全生产标准化考核办法扣分、修正
		现场管理	设备设施	
			作业行为	
	特殊时期指标	国家或地方重要活动		
		法定节假日		
		相关重特大事故发生后一段时间内		
	高危风险物联网指标	国内外典型案例	网络舆情	
	自然环境	气象灾害	暴雨、暴雪	
		地震灾害	地震监测	
		地质灾害	崩塌、滑坡、泥石流、地裂缝等	

续表

典型事故 风险点	风险因子	要素	指标描述	特征值
冒顶片帮 事故风 险点	高危风险监测特 征指标	监测监控系统	监测指标	采区顶板沉降监测
				地表沉降监测
	安全生产基础管 理动态指标	安全生产管理体系	安全保障（制度、人 员、机构、教育培训、应 急、隐患排查、风险管 理、事故管理）	根据隐患类别按安全 生产标准化考核办法扣 分、修正
		现场管理	设备设施	
			作业行为	
	特殊时期指标	国家或地方重要活动		
		法定节假日		
		相关重特大事故发生后一段时间内		
	高危风险物联网 指标	国内外典型案例	网络舆情	
	自然环境	气象灾害	暴雨、暴雪	
		地震灾害	地震监测	
		地质灾害	崩塌、滑坡、泥石流、地裂缝等	

表4-12　露天矿山风险动态指标

典型事故 风险点	风险因子	要素	指标描述	特征值
边坡坍塌 事故 风险点	高危风险监测特 征指标	监测监控系统	监测监控指标	坡体表面位移监测
				坡体内部位移监测
				降水量监测
				视频监控
	安全生产基础管 理动态指标	安全生产管理体系	安全保障（制度、人 员、机构、教育培训、应 急、隐患排查、风险管 理、事故管理）	根据隐患类别按安全 生产标准化考核办法扣 分、修正
		现场管理	设备设施	
			作业行为	
	特殊时期指标	国家或地方重要活动		
		法定节假日		
		相关重特大事故发生后一段时间内		
	高危风险物联网 指标	国内外典型案例	网络舆情	
	自然环境	气象灾害	暴雨、暴雪	
		地震灾害	地震监测	
		地质灾害	崩塌、滑坡、泥石流、地裂缝等	

续表

典型事故 风险点	风险因子	要素	指标描述	特征值
放炮事故 风险点	高危风险监测特 征指标	监测监控系统	监测指标	雷电静电监测
				爆破视频监控
	安全生产基础管 理动态指标	安全生产管理体系	安全保障（制度、人 员、机构、教育培训、应 急、隐患排查、风险管 理、事故管理）	根据隐患类别按安全 生产标准化考核办法扣 分、修正
		现场管理	设备设施	
			作业行为	
	特殊时期指标	国家或地方重要活动		
		法定节假日		
		相关重特大事故发生后一段时间内		
	高危风险物联网 指标	国内外典型案例	网络舆情	
	自然环境	气象灾害	雷电	
		地震灾害	地震监测	
		地质灾害	崩塌、滑坡、泥石流、地裂缝等	
排土场坍 塌事故 风险点	高危风险监测特 征指标	监测监控系统	监测指标	坡体表面位移
				坡体内部位移
				降水量
				视频监测
	安全生产基础管 理动态指标	安全生产管理体系	安全保障（制度、人 员、机构、教育培训、应 急、隐患排查、风险管 理、事故管理）	根据隐患类别按安全 生产标准化考核办法扣 分、修正
		现场管理	设备设施	
			作业行为	
	特殊时期指标	国家或地方重要活动		
		法定节假日		
		相关重特大事故发生后一段时间内		
	高危风险物联网 指标	国内外典型案例	网络舆情	
	自然环境	气象灾害	暴雨、暴雪	
		地震灾害	地震监测	
		地质灾害	崩塌、滑坡、泥石流、地裂缝等	

表 4-13 尾矿库风险动态指标

典型事故风险点	风险因子	要素	指标描述	特征值
溃坝事故风险点	高危风险监测特征指标	监测监控系统	监测监控指标	浸润线
				干滩长度
				库水位
				降水量
				坝体内部位移
				坝体表面位移
				库区位移滑坡体位移
				视频监控
	安全生产基础管理动态指标(含事故隐患动态指标)	安全生产管理体系	安全保障(制度、人员、机构、教育培训、应急、隐患排查、风险管理、事故管理)	根据隐患类别按安全生产标准化考核办法扣分、修正
		现场管理	设备设施	
			作业行为	
	特殊时期指标	国家或地方重要活动		
		法定节假日		
		相关重特大事故发生后一段时间内		
	高危风险物联网指标	国内外典型同类生产事故	网络舆情	
	自然环境	气象灾害	暴雨、暴雪	
		地震灾害	地震监测	
		地质灾害	崩塌、滑坡、泥石流、地裂缝等	
	综合治理	闭库	—	
		销库	—	

三、"五高"固有风险指标计量模型("5")

经过同危险化学品、冶金、工贸和烟花爆竹等其他行业在"五高"固有风险指标计量上的探讨，按照"五高"固有风险指标中各指标的重要性排序，确定了高风险设备固有危险指数 h_s 取值 $1\sim1.7$，高风险场所人员暴露指数 E 所取值 1~9，高风险物品危险指数 M 取值 1~9，为保持同其他行业的互通性，便于后期应急管理部门的宏观监管，在指标的计量范围上，非煤矿山也参照这一原则[10,11]。

（一）地下矿山风险点固有危险指数（h）指标计量

1. 坠罐事故风险点"五高"指标计量

（1）高风险设备——罐笼提升系统。以载人罐笼提升系统的本质安全化水平来衡量，如超载保护装置、过卷保护装置能防范误操作造成的坠罐事故，防坠器能够防范钢丝绳断裂故障造成的坠罐事故，这些功能都能提高罐笼提升系统的本质化安全水平，降低坠罐风险。根据罐笼提升系统的相关功能，对高风险设备固有危险指数 h_s 进行计量，取值 1~1.7，见表 4-14。

表 4-14　设备本质化安全水平与危险指数的对应关系表

量化指标		特征指标	h_s
危险隔离（替代）		罐笼提升系统无危险隔离设施	1
故障安全	失误安全	设置有可靠的超载保护装置、过卷保护装置和防坠器	1.2
	失误风险	超载保护装置、过卷保护装置无或失效，设置有可靠的防坠器	1.4
故障风险	失误安全	防坠器无或失效，设置有可靠的超载保护装置、过卷保护装置	1.3
	失误风险	超载保护装置、过卷保护装置和防坠器无或失效	1.7

（2）高风险场所——罐笼。以罐笼内及罐笼检修作业人员的高风险场所人员暴露指数 E 来衡量，根据高风险场所内暴露人数 P，按表 4-15 取值。

表 4-15　风险点人员暴露指数赋值表

暴露人数（P）	E 值
100 人以上	9
30~99 人	7
10~29 人	5
3~9 人	3
0~2 人	1

（3）高风险物品——罐笼中的物品（物质）和人员。由罐笼中的物品（物质）和人员的势能特性确定，参考《金属非金属地下矿山重大危险源辨识与分

级》（DB13/T 2259—2015）的分级方法，以竖井井深分级结果确定高风险物品危险性指数 M 值，取值 $1\sim9$，见表4-16。

表 4-16　竖井井深与高风险物品危险性指数的对应关系表

竖井井深 w_1/m	$w_1<250$	$250\leqslant w_1<500$	$500\leqslant w_1<750$	$750\leqslant w_1<1000$	$w_1\geqslant1000$
M	1	3	5	7	9

（4）高风险工艺。以罐笼钢丝绳在线监测、视频监控设施等监测监控设施的失效率 l 进行衡量，并由高风险工艺危险性修正系数 K_1 表征，见表4-17。

表 4-17　坠罐风险点高风险工艺取值表

工艺危险	量化指标	失效率 l
监测监控设施完好水平	钢丝绳在线监测	l
	视频监控设施	
K_1		$K_1=1+l$

（5）高风险作业。罐笼提升系统涉及的高风险作业如表4-18所示，并由高风险作业危险性修正系数 K_2 表征。

表 4-18　高风险作业与危险指数的对应关系表

要素	量化指标	种类数量 t
危险作业	设备检修作业	
特种设备作业	电梯操作	
特种作业	金属非金属矿山安全检查作业	4
	金属非金属矿山提升机操作作业	
K_2		$K_2=1+0.05t$

2. 跑车事故风险点"五高"指标计量

（1）高风险设备——斜井人车提升系统。以斜井人车提升系统的本质化安全水平来衡量，如一坡三挡防跑车装置能防范误操作造成的跑车事故，断绳保护装置能够防范钢丝绳断裂故障造成的跑车事故，这些功能都能提高斜井人车提升系统的本质化安全水平，降低跑车风险。根据斜井人车提升系统的相关功能，对高风险设备固有危险指数 h_s 进行计量，取值 $1\sim1.7$，见表4-19。

表 4-19   设备本质化安全水平与危险指数的对应关系表

量化指标		特征指标	h_s
危险隔离（替代）		罐笼提升系统无危险隔离设施	1
故障安全	失误安全	设置有可靠一坡三挡防跑车装置和断绳保护装置	1.2
	失误风险	一坡三挡防跑车装置无或失效,设置有可靠的断绳保护装置	1.4
故障风险	失误安全	断绳保护装置无或失效,设置有一坡三挡防跑车装置	1.3
	失误风险	一坡三挡防跑车装置和断绳保护装置无或失效	1.7

（2）高风险场所——斜井人车。高风险场所指人车范围内及人车作业人员的高风险场所人员暴露指数 E。以风险点内暴露人数 P 来衡量,按表 4-15 取值。

（3）高风险物品（能量）——垂直深度。由斜井人车中的物质和人员的势能特性确定,参考《金属非金属地下矿山重大危险源辨识与分级》（DB13/T 2259—2015）的分级方法,以斜井的垂直井深分级结果确定高风险物品危险指数 M 值,取值 1～9,见表 4-20。

表 4-20   垂直井深与危险指数的对应关系表

垂直井深 w_1/m	$w_1 < 250$	$250 \leqslant w_1 < 500$	$500 \leqslant w_1 < 750$	$750 \leqslant w_1 < 1000$	$w_1 \geqslant 1000$
M	1	3	5	7	9

（4）高风险工艺。高风险工艺指人车钢丝绳在线监测、视频监控设施等监测监控设施的失效率 l。由高风险工艺危险性修正系数 K_1 表征,见表 4-21。

表 4-21   跑车风险点高风险工艺危险性取值表

要素	量化指标	失效率 l
监测监控设施完好水平	钢丝绳在线监测	l
	视频监控设施	
K_1		$K_1 = 1 + l$

（5）高风险作业。斜井人车系统涉及的高风险作业见表 4-22。由高风险作业危险性修正系数 K_2 表征。

表 4-22 高风险作业与危险指数的对应关系表

要素	量化指标	种类数量 t
危险作业	设备维修作业	
特种设备作业	企业内机动车辆驾驶作业	4
特种作业	金属非金属矿山安全检查作业	
	金属非金属矿山提升机操作作业	
K_2		$K_2=1+0.05t$

3. 火灾事故风险点"五高"指标计量

(1) 高风险设备——防灭火设施。矿山的防灭火设施主要有灭火器、消火栓、自动灭火设施、自救器等，以矿山是否按照相关要求设置相应防灭火设施对高风险设备固有危险指数 h_s 进行赋值，未按要求设置防灭火设施取 1.7，每按要求设置 1 种防灭火设施，则在 1.7 的基础上扣减 0.175。

(2) 高风险场所——可燃物存放区。以可燃物存放区中段作业人员的高风险场所人员暴露指数 E 来衡量，根据高风险场所内暴露人数 P，按表 4-15 取值。

(3) 高风险物品——可燃物。依据《危险化学品重大危险源辨识》(GB 18218—2018)，对井下各种可燃物品危险性(油品高风险物品危险性指数 M_1，矿石高风险物品危险性指数 M_2，非阻燃材料高风险物品危险性指数 M_3)进行量化，取值见表 4-23。

表 4-23 火灾事故风险点高风险物品危险性指数计算表

要素	物品与危险指数的对应关系				
油品类型	汽油		柴油		
临界量 Q/t	$Q_1=200$		$Q_2=500$		
油品实际最大存放量 q/t	q_1		q_2		
重大危险源分级指标 m	$m=\beta_1\times(q_1/Q_1)+\beta_2\times(q_2/Q_2)$				
M_1	$m<1$	$10>m\geqslant1$	$50>m\geqslant10$	$100>m\geqslant50$	$m\geqslant100$
	1	3	5	7	9

注：易燃液体汽油 (31001)，柴油或轻质柴油 (联合国编号：1202)，校正系数 β 取值 1。m 在 1~9 分档取值。

按矿石是否具有自然发火倾向，对矿石自燃危险性进行量化，矿石不具有自然发火倾向，则矿石高风险物品危险性指数 M_2 取 1；矿石具有自然发火倾向，则 M_2 取 5。

按矿山是否采用阻燃电缆、皮带、支架等材料进行分类，对非阻燃材料高风险物品危险性指数 M_3 进行量化，采用阻燃材料，则非阻燃材料高风险物品危险性指数 M_3 取 1；存在使用非阻燃材料的情况，可燃材料高风险物品危险性指数 M_3 取 9。

按最大值确定高风险物品危险指数 $M = \max(M_1, M_2, M_3)$。

（4）高风险工艺。以有毒有害气体监（检）测（CO、NO_2、O_2 等）、温度报警监测设施等监测监控设施的失效率 l 进行衡量，并由高风险工艺危险性修正系数 K_1 表征，见表 4-24。

表 4-24　高风险工艺与危险指数的对应关系表

要素	量化指标		失效率 l
监测监控设施完好水平	有毒有害气体监（检）测（CO、NO_2、O_2 等）		l
	温度报警监测		
K_1			$K_1 = 1 + l$

（5）高风险作业。火灾事故风险点涉及的高风险作业如表 4-25 所示，并由高风险作业危险性修正系数 K_2 表征。

表 4-25　高风险作业与危险指数的对应关系表

要素	量化指标		种类数量 t
作业	危险作业	临时用电作业	7
	特种设备操作	动火作业	
	特种作业	压力容器（焊接气瓶）操作	
		焊接与热切割作业	
		金属非金属矿山安全检查作业	
		金属非金属矿山井下电气作业	
		金属非金属矿井通风作业	
K_2			$K_2 = 1 + 0.05t$

4. 透水事故风险点"五高"指标计量

（1）高风险设备——防排水设施。井下防排水措施主要采取"防、堵、疏、排、截"的综合治理措施。"防"指合理留设各类防隔水矿柱，设置防水闸门；"堵"指注浆封堵具有突水威胁的含水层；"疏"指探放老空水和对承压含水层进行疏水降压；"排"指完善的矿井排水系统；"截"主要指加强地表水的截流治理。

以矿山是否按照相关要求设置相应防排水设施对高风险设备危险性指数 h_s 进行赋值，按要求设置全部防排水设施取 1，未按要求设置 1 种防排水设施，则在 1 的基础上加 0.14，取值 1～1.7。

（2）高风险场所——最低中段。以最低中段作业人员的高风险场所人员暴露指数 E 来衡量，根据高风险场所内暴露人数 P，按表 4-15 取值。

（3）高风险物品——矿坑充水水源。由矿区水文地质条件复杂程度确定，参考《有色金属矿山水文地质勘探规范》（GB 51060—2014），以矿区水文地质类型确定高风险物品危险性指数 M 值，取值 1～9，见表 4-26。

表 4-26　井下水文地质条件与危险指数的对应关系表

矿井水文地质类型	简单	中等	复杂
高风险物品危险性指数 M	1～3	4～6	7～9

（4）高风险工艺。以矿坑涌水量监测、降水量监测、探水作业面视频监控设施等监测监控设施的失效率 l 进行衡量，并由高风险工艺危险性修正系数 K_1 表征，见表 4-27。

表 4-27　高风险工艺与危险指数的对应关系表

要素	量化指标	失效率 l
监测监控设施完好水平	矿坑涌水量	l
	降水量	
	探水作业面视频监控	
K_1		$K_1=1+l$

（5）高风险作业。透水事故风险点涉及的高风险作业如表 4-28 所示，并由

高风险作业危险性修正系数 K_2 表征。

表 4-28 高风险作业与危险指数的对应关系表

要素	量化指标	种类数量 t
特种作业	探放水作业	3
	金属非金属矿山安全检查作业	
	金属非金属矿山排水作业	
K_2		$K_2=1+0.05t$

5. 冒顶片帮事故风险点"五高"指标计量

（1）高风险设备——顶板。冒顶片帮事故的发生与工程地质条件和应力条件密切相关，以顶板岩体质量指标［BQ］等级作为衡量冒顶片帮事故风险点高风险设备危险性指数 h_s 的主要指标，对应关系见表 4-29，h_s 取值 1～1.7。

表 4-29 岩体基本质量与高风险设备危险性指数的对应关系表

顶板岩体质量指标［BQ］	＞550	550～451	450～351	350～251	≤250
h_s	1	1.175	1.35	1.525	1.7

（2）高风险场所——不稳固顶板巷道及采空区。以不稳固顶板巷道及采空区内作业人员的高风险场所人员暴露指数 E 来衡量，根据高风险场所内暴露人数 P，按表 4-15 取值。

（3）高风险物品——空顶。顶板冒落规模及释放能量大小与空顶暴露面积有关，可由采空区处理程度确定高风险物品危险性指数 M 值，参考《金属非金属地下矿山重大危险源辨识与分级》（DB13/T 2259—2015）对矿山冒顶危险的分级方法，以采空区处理程度分级结果取值，见表 4-30。

表 4-30 采空区处理程度与危险指数的对应关系表

采空区处理程度	完好处理	局部处理	未处理	连续采空区体积 $100×10^4 m^3$ 以上的矿井
M	1	6.3	9	9

（4）高风险工艺。以采区顶板沉降监测、地表沉降监测等地压监测监控设

施的失效率 l 进行衡量，并由高风险工艺危险性修正系数 K_1 表征，见表 4-31。

表 4-31　高风险工艺与危险指数的对应关系表

要素	量化指标	失效率 l
监测监控设施完好水平	采区顶板沉降监测	l
	地表沉降监测	
K_1		$K_1=1+l$

（5）高风险作业。冒顶片帮事故风险点涉及的高风险作业，如表 4-32 所示，并由高风险作业危险性修正系数 K_2 表征。

表 4-32　高风险作业与危险指数的对应关系表

要素	量化指标	种类数量 t
特种作业	金属非金属矿山安全检查作业	3
	金属非金属矿山支柱作业	
	金属非金属矿山爆破作业	
K_2		$K_2=1+0.05t$

（二）露天矿山风险点固有危险指数（h）指标计量

1. 边坡坍塌事故风险点"五高"指标计量。

（1）高风险设备——边坡岩体。以反映边坡稳定状态的安全系数 F 来衡量，参考《金属非金属露天矿山高陡边坡安全监测技术规范》（AQ/T 2063—2018）分别从正常工况和非正常工况对 h_s 进行取值，取值范围 1～1.7，见表 4-33。

表 4-33　采场边坡安全系数与危险指数的对应关系表

安全系数 F		高风险设备固有危险指数 h_s
正常工况	非正常工况	
$F<1.1$	$F<1.05$	1.7
$1.1 \leqslant F<1.2$	$1.05 \leqslant F<1.15$	1.5

续表

安全系数 F		高风险设备固有危险指数 h_s
正常工况	非正常工况	
$1.2 \leqslant F < 1.3$	$1.15 \leqslant F < 1.25$	1.3
$1.3 \leqslant F$	$1.25 \leqslant F$	1

注：非正常工况考虑暴雨、爆破震动、地震等荷载情况下的安全系数。

（2）高风险物品——高陡边坡。由该风险点高陡边坡的势能特性确定，参考《金属非金属露天矿山高陡边坡安全监测技术规范》（AQ/T 2063—2018）对边坡的分级方法，以边坡高度分级结果确定高风险物品危险指数 M 值，取值 1～9。边坡高度等级与危险指数的对应关系，见表 4-34。

表 4-34　边坡高度等级与危险指数的对应关系表

分类名称	高度/m	高风险物品危险性指数 M
超高边坡	＞500	9
高边坡	200～500	6.3
中高边坡	100～200	3.6
低边坡	＜100	1

（3）高风险场所——边坡下作业平台。以边坡下作业平台人员的高风险场所人员暴露指数 E 来衡量，根据高风险场所内暴露人数 P，按表 4-15 取值。

（4）高风险工艺。以坡体位移、质点速度、采动应力等监测监控设施的失效率进行衡量，并由高风险工艺修正系数 K_1 表征，见表 4-35。

表 4-35　工艺与危险指数的对应关系表

要素	量化指标	失效率 l
监测监控设施完好水平	坡体表面位移	l
	坡体内部位移	
	边坡裂缝	
	采动应力	
	质点速度	
	渗透压力	
	地下水位	
	降水量	
	视频监控	
K_1		$K_1 = 1 + l$

（5）高风险作业。露天边坡涉及的高风险作业，如表4-36所示，并由高风险作业危险性修正系数 K_2 表征。

表 4-36 作业与危险指数的对应关系表

要素	量化指标	种类数量 t
特种作业	金属非金属矿山安全检查作业	3
	金属非金属矿山排水作业	
	金属非金属矿山爆破作业	
	K_2	$K_2=1+0.05t$

2. 放炮事故风险点"五高"指标计量

（1）高风险设备。露天矿放炮事故不涉及高风险设备设施，高风险设备固有危险指数 h_s 取1。

（2）高风险物品。由放炮作业使用炸药所储存的化学能特性确定，参考《爆破安全规程》（GB 6722—2014）对爆破工程的分级方法，以一次爆破总药量确定高风险物品危险指数 M 值，取值1～9。

爆破工程分级药量与危险指数的对应关系，见表4-37。

表 4-37 爆破工程分级药量与危险指数的对应关系表

作业范围	分级计量标准	级别			
		A	B	C	D
岩石爆破[①]	一次爆破总药量 Q/t	$100{\leq}Q$	$10{\leq}Q<100$	$0.5{\leq}Q<10$	$Q<0.5$
拆除爆破	高度 H/m[②]	$50{\leq}H$	$30{\leq}H<50$	$20{\leq}H<50$	$H<20$
	一次爆破总药量 Q/t[③]	$Q{\leq}0.5$	$0.2{\leq}Q<0.5$	$0.05{\leq}Q<0.2$	$Q<0.05$
	单张复合板使用药量 Q/t	$0.4{\leq}Q<0.5$	$0.2{\leq}Q<0.4$	$Q<0.2$	—
高风险物品危险指数 M		9	6.3	3.6	1

① 表中药量对应的级别指露天深孔爆破，其他岩土爆破相应级别对应的药量系数：地下矿爆破0.5；复杂环境深孔爆破0.25；露天硐室爆破0.5；地下硐室爆破2.0；水下钻孔爆破0.1；水下炸礁及清淤、挤淤爆破0.2。

② 表中高度对应的级别指楼房、厂房及水塔的拆除爆破；烟囱和冷却塔拆除爆破相应级别对应的高度系数为2和1.5。

③ 拆除爆破按一次爆破药量进行分级的工程类别包括：桥梁、支撑、基础、地坪、单体结构等；城镇浅孔爆破也按此标准分级；围堰拆除爆破相应级别对应的药量系数为20。

注：1. 爆破工程按工程类别、一次爆破总药量、爆破环境复杂程度和爆破物特征，分A、B、C、D四个级别，实行分级管理。

2. B、C、D 级岩石爆破工程，遇下列情况应相应提高一个管理级别。

——距爆区 1000m 范围内有国家一、二级文物或特别重要的建（构）筑物、设施；

——距爆区 500m 范围内有国家三级文物、风景名胜区、重要的建（构）筑物、设施；

——距爆区 300m 范围内有省级文物、医院、学校、居民楼、办公楼等重要保护对象。

3. B、C、D 级拆除爆破工程，遇下列情况应相应提高一个管理级别。

——距爆破拆除物 5m 范围内有相邻建（构）筑物或需重点保护的地表、地下管线；

——爆破拆除物倒塌方向安全长度不够，需用折叠爆破时；

——爆破拆除物处于闹市区、风景名胜区时。

4. 爆破内部且对外部环境工程无安全危害的爆破工程不实行分级管理。

（3）高风险场所。高风险场所指爆破作业区作业人员的，高风险场所人员暴露指数 E，根据爆破作业区内暴露人数 P，按表 4-15 取值。

（4）高风险工艺。以爆破视频监控和雷电静电监测等监测监控设施的失效率 l 进行衡量，并以高风险工艺修正系数 K_1 表征，见表 4-38。

表 4-38　工艺与危险指数的对应关系表

工艺危险	量化指标	失效率 l
监测监控设施完好水平	爆破视频监控	l
	雷电静电监测	
K_1		$K_1=1+l$

（5）高风险作业。放炮作业涉及的高风险作业如表 4-39 所示，并由高风险作业危险性修正系数 K_2 表征。

表 4-39　作业与危险指数的对应关系表

要素	量化指标	种类数量 t
特种作业	金属非金属矿山安全检查作业	3
	金属非金属矿山排水作业	
	金属非金属矿山爆破作业	
K_2		$K_2=1+0.05t$

3. 排土场坍塌事故风险点"五高"指标计量

（1）高风险设备——废石堆积体。以反映排土场废石堆积体稳定状态的安全系数 F 来衡量，参考《冶金矿山排土场设计规范》（GB 51119—2015）对排土场边坡安全系数 F 的分级结果，确定高风险设备固有危险指数 h_s，取值 1～1.7，见表 4-40。

表 4-40　排土场边坡安全系数与危险指数的对应关系表

安全系数 F	h_s
F<1.15	1.7
1.15≤F<1.2	1.5
1.2≤F<1.25	1.3
1.25≤F	1

（2）高风险物品——高陡边坡。由该风险点排土场废石堆积体边坡的势能特性确定，参考《冶金矿山排土场设计规范》（GB 51119—2015）对排土场边坡的分级方法，以排土场堆置高度和排土容积确定高风险物品危险指数 M 值，取值 1～9，如表 4-41 所示。

表 4-41　高陡边坡高度和容积与危险指数的对应关系表

等级	场地条件	堆置高度 H/m	排土容积 V/万立方米	M
一	不良	H>180	V>20000	9
二	复杂	120<H≤180	5000<V≤20000	6.3
三	一般	60<H≤120	1000<V≤5000	3.6
四	良好	H≤60	V≤1000	1

（3）高风险场所——排土场下游区域。以排土场下游（排土场高度两倍的距离）区域人员的高风险场所人员暴露指数 E 来衡量，根据高风险场所内暴露人数 P，按表 4-15 取值。

（4）高风险工艺。以排土场位移、降水量、视频监控等监测监控设施的失效率 l 进行衡量。并由高风险工艺修正系数 K_1 表征，如表 4-42 所示。

表 4-42　工艺与危险指数的对应关系表

要素	量化指标	失效率 l
监测监控设施完好水平	坡体表面位移	l
	坡体内部位移	
	降水量	
	视频监控	
K_1		$K_1=1+l$

（5）高风险作业。排土场涉及的高风险作业如表4-43所示，并由高风险作业危险性修正系数 K_2 表征。

表 4-43　作业与危险指数的对应关系表

要素	量化指标	种类数量 t
特种作业	金属非金属矿山安全检查作业	2
	金属非金属矿山排水作业	
K_2		$K_2 = 1 + 0.05t$

（三）尾矿库风险点固有危险指数（ h ）指标计量

（1）高风险设备——坝体。最新尾矿库正常运行状态下的坝体安全系数 F 反映了坝体当前的力学稳定状态，按照安全系数 F 的计算方法，其值与坝体外形尺寸、筑坝材料物理力学性质、坝基地质条件、地下水等因素相关。参考《尾矿库安全规程》（GB 39496—2020），对坝体安全系数的分级，对滑坡风险的高风险设备固有危险指数 h_{s1} 进行赋值，取值范围 $1 \sim 1.3$ ，见表 4-44。

表 4-44　坝体安全系数与危险指数的对应关系表

安全系数 F	h_{s1}
$F < 1.15$	1.3
$1.15 \leqslant F < 1.20$	1.225
$1.20 \leqslant F < 1.25$	1.15
$1.25 \leqslant F < 1.30$	1.075
$1.30 \leqslant F$	1

同时，考虑到坝体安全系数 F 为定期计算，只能反映某一状态下的坝体稳定性，无法反映坝体安全系数 F 计算周期内坝体稳定状态的变化，因此以尾矿坝按照设计参数筑坝过程中坝体的筑坝工艺危险指数来修正 h_{s1} ，尾矿库筑坝方式、堆存方式、尾砂类型等筑坝工艺都会影响到坝体的稳定状态，综合考虑这三个方面的因素，修正 h_{s1} ，最终高风险设备固有危险指数 h_s 取值 $1 \sim 1.7$ ，见表 4-45。

表 4-45 筑坝工艺与危险指数的对应关系表

要素	量化指标	特征值
筑坝方式的高风险设备 固有危险指数 h_{s2}	一次性筑坝	1
	下游式筑坝	1.1
	中线式筑坝	1.1
	上游式筑坝	1.2
堆存方式的高风险设备 固有危险指数 h_{s3}	干式堆存	1
	湿式堆存	1.1
尾砂类型的高风险设备 固有危险指数 h_{s4}	磷石膏	1
	其他尾砂	1.1
h_s		$h_s = h_{s1} h_{s2} h_{s3} h_{s4}$

(2) 高风险物品——存储尾砂和库内积水。由库内储存尾砂和库内积水的势能特性确定,参考《尾矿库安全规程》(GB 39496—2020) 对尾矿库等别的划分,以现状库容与现状坝高分级结果确定正常运行状态下高风险物品危险指数 M_1 值,取值 1～6。尾矿库现状等别与危险指数的对应关系见表 4-46。

表 4-46 尾矿库现状等别与危险指数的对应关系表

现状等别	现状库容 V/万立方米	坝高 H/m	M_1
一等	$V \geqslant 50000$	$H \geqslant 200$	6
二等	$10000 \leqslant V < 50000$	$100 \leqslant H < 200$	4.5
三等	$1000 \leqslant V < 10000$	$60 \leqslant H < 100$	3
四等	$100 \leqslant V < 1000$	$30 \leqslant H < 60$	1.5
五等	$V < 100$	$H < 30$	1

在汛期,大量洪水入库,排洪设施的泄洪能力不足,将会使库内洪水量超过设计调洪库容,系统总势能增加。因此以泄洪时高风险设备固有危险指数 M_2 对 M_1 进行修正。尾矿库排洪设施类型主要有:排水斜槽—管式、框架式排水井—管式、排水斜槽—管式、窗口式排水井—管式、排水井—隧洞式、溢洪道联合排洪、截洪沟。按泄洪能力,对不同类型排洪设施的进行分级,见表 4-47,并依据尾矿库的主要排洪设施,对排洪设施泄洪时高风险设备固有危险指数 M_2 进行赋值。若尾矿库排洪设施出现倒塌、堵塞等情况,视为重大生产安全事故隐患,对最终的现实风险进行提档。

表 4-47　主要排洪设施类型与排洪设施泄洪能力指数的对应关系表

主要排洪设施类型	泄洪能力	M_2
截洪沟	小流量泄洪,仅用于四、五等尾矿库,维护困难	1.5
排水斜槽—管式、窗口式排水井—管式	中小流量泄洪	1.325
框架式排水井—管式	中等流量泄洪	1.25
排水井—隧洞式	中大流量泄洪	1.125
溢洪道联合排洪	大流量泄洪	1

高风险物品危险指数 $M = M_1 M_2$,最终 M 取值 1～9。

（3）高风险场所——尾矿库区及下游 1km。以尾矿库下游 1km 范围内及尾矿库作业人员的高风险场所人员暴露指数 E 来衡量,根据高风险场所内暴露人数 P,按表 4-15 取值。

（4）高风险工艺。以尾矿库浸润线、坝体位移、库水位等监测监控设施的失效率 l 进行衡量,并由高风险工艺修正系数 K_1 表征,如表 4-48 所示。

表 4-48　尾矿库溃坝风险点高风险工艺取值表

要素	量化指标	失效率 l
监测监控设施完好水平	浸润线	l
	干滩长度	
	库水位	
	安全超高	
	降水量	
	坝体内部位移	
	坝体表面位移	
	库区位移滑坡体位移	
	视频监控	
K_1		$K_1 = 1 + l$

（5）高风险作业。尾矿库涉及的高风险作业如表 4-49 所示,并由高风险作业危险性修正系数 K_2 表征。

表 4-49　作业与危险指数的对应关系表

要素	量化指标	种类数量 t
特种作业	金属非金属矿山安全检查作业	3
	尾矿作业	
特种设备操作作业	专用机动车辆作业	
K_2		$K_2 = 1 + 0.05t$

（四）风险点固有危险指数（h）和单元固有危险指数（H）

风险点固有危险指数 h 计算公式为

$$h_i = h_s M E K_1 K_2 \qquad (4\text{-}2)$$

式中　h_i——第 i 个风险点固有危险指数；

　　　h_s——高风险设备固有危险指数；

　　　M——高风险物品危险指数；

　　　E——高风险场所人员暴露指数；

　　　K_1——高风险工艺修正系数；

　　　K_2——高风险作业危险性修正系数。

单元固有危险指数 H 计算公式为

$$H = \sum_{i=1}^{n} h_i (E_i / F) \qquad (4\text{-}3)$$

式中　h_i——单元内第 i 个风险点固有危险指数；

　　　E_i——单元内第 i 个高风险场所人员暴露指数；

　　　F——单元内各风险点场所人员暴露指数累计值；

　　　n——单元内风险点数。

四、单元风险管控指标（"1"）

建立标准化的安全生产管理制度能够有效降低固有风险初始引发事故的频率，向采用企业安全生产标准化分数考核办法来表征单元风险管控指标。根据非煤矿山矿山安全生产标准化评分办法，初始安全生产标准化等级满分为 100 分，一级为最高。以标准化得分率的倒数作为最终单元高危风险管控指标，标准化得分高，单元风险管控指标值小，代表单元固有风险初始引发事故的概率小；相反，则单元固有风险初始引发事故的概率大。则单元高危风险管控指标为：

$$G = 100/v \tag{4-4}$$

式中　G——单元高危风险管控指标；

　　　v——安全生产标准化自评/评审分值。

五、单元现实风险动态修正指标（"N"）

单元现实风险动态修正指标实时修正单元初始安全风险值（R_0）或风险点固有危险指数（h）。主要包括高危风险动态监测特征指标修正系数（K_3）、安全生产基础管理动态指标（B_S）、特殊时期指标、高危风险物联网指标和自然环境指标等。后期，可能根据区块链、大数据、人工智能等在安全生产中的运行，适时增加风险动态调控指标，使其更能准确反映对风险点风险的动态影响。

（一）高危风险动态监测特征指标修正系数

用高危风险动态监测特征指标修正系数（K_3）修正风险点固有危险指数（h）。在线监测项目实时报警分一级报警（低报警）、二级报警（中报警）和三级报警（高报警）。当在线监测项目达到 3 项一级报警时，记为 1 项二级报警；当监测项目达到 2 项二级报警时，记为 1 项三级报警。由此，设定一、二、三级报警的权重分别为 1、3、6，归一化处理后的系数分别为 0.1、0.3、0.6，即报警信号修正系数，公式描述为：

$$K_3 = 1 + 0.1a_1 + 0.3a_2 + 0.6a_3 \tag{4-5}$$

式中　K_3——高危风险动态监测特征指标修正系数；

　　　a_1——黄色报警次数；

　　　a_2——橙色报警次数；

　　　a_3——红色报警次数。

若地下开采系统、露天开采系统高危风险在线监测特征指标较少或预警信号只分为"正常""不正常"两种。若在线监测特征指标预警信号正常时，$K_3 = 1$；若不正常，对初始的单元现实风险（R）提一档。

（二）安全生产基础管理动态指标

企业安全管理水平存在波动，日常的安全管理不到位，就可能出现隐患，以监控视频识别出的事故隐患和各级监管部门上报的事故隐患为基础动态数据。将一般事故隐患按照安全生产标准化评定标准对应的考评办法对其进行扣分，再将扣分值修正企业安全生产标准化得分，获取单元风险管控修正 G_D，进而实现单元高危风险管控指标 G 的动态更新。

如果依据表 4-50 的标准，被判定有重大生产事故隐患，则对初始的单元现实风险（R）直接提一档。

表 4-50　金属非金属矿山重大生产安全事故隐患判定标准

单元	判定标准
地下矿山	(1)安全出口不符合国家标准、行业标准或者设计要求
	(2)使用国家明令禁止使用的设备、材料和工艺
	(3)相邻矿山的井巷相互贯通
	(4)没有及时填绘图，现状图与实际严重不符
	(5)露天转地下开采，地表与井下形成贯通，未按照设计要求采取相应措施
	(6)地表水穿过矿区，未按照设计要求采取防治水措施
	(7)排水系统与设计要求不符，导致排水能力降低
	(8)井口标高在当地历史最高洪水位 1m 以下，未采取相应防护措施
	(9)水文地质类型为中等及复杂的矿井没有设立专门防治水机构、配备探放水作业队伍或配齐专用探放水设备
	(10)水文地质类型复杂的矿山关键巷道防水门设置与设计要求不符
	(11)有自然发火危险的矿山，未按照国家标准、行业标准或设计采取防火措施
	(12)在突水威胁区域或可疑区域进行采掘作业，未进行探放水
	(13)受地表水倒灌威胁的矿井在强降雨天气或其来水上游发生洪水期间，不实施停产撤人
	(14)相邻矿山开采错动线重叠，未按照设计要求采取相应措施
	(15)开采错动线以内存在居民村庄，或者存在重要设备设施时未按照设计要求采取相应措施
	(16)擅自开采各种保安矿柱或其形式及参数劣于设计值
	(17)未按照设计要求对生产形成的采空区进行处理
	(18)具有严重地压条件，未采取预防地压灾害措施
	(19)巷道或者采场顶板未按照设计要求采取支护措施
	(20)矿井未按照设计要求建立机械通风系统，或风速、风量、风质不符合国家或行业标准的要求
	(21)未配齐具有矿用产品安全标志的便携式气体检测报警仪和自救器
	(22)提升系统的防坠器、阻车器等安全保护装置或者信号闭锁措施失效；未定期试验或者检测检验
	(23)一级负荷没有采用双回路或双电源供电，或者单一电源不能满足全部一级负荷需要
	(24)地面向井下供电的变压器或井下使用的普通变压器采用中性接地

续表

单元	判定标准
露天矿山	(1)地下转露天开采,未探明采空区或者未对采空区实施专项安全技术措施
	(2)使用国家明令禁止使用的设备、材料和工艺
	(3)未采用自上而下、分台阶或者分层的方式进行开采
	(4)工作帮坡角大于设计工作帮坡角,或者台阶(分层)高度超过设计高度
	(5)擅自开采或破坏设计规定保留的矿柱、岩柱和挂帮矿体
	(6)未按国家标准或者行业标准对采场边坡、排土场稳定性进行评估
	(7)高度200m及以上的边坡或排土场未进行在线监测
	(8)边坡存在滑移现象
	(9)上山道路坡度大于设计坡度10%以上
	(10)封闭圈深度30m及以上的凹陷露天矿山,未按照设计要求建设防洪、排洪设施
	(11)雷雨天气实施爆破作业
	(12)危险级排土场
尾矿库	(1)库区和尾矿坝上存在未按批准的设计方案进行开采、挖掘、爆破等活动
	(2)坝体出现贯穿性横向裂缝,且出现较大范围管涌、流土变形,坝体出现深层滑动迹象
	(3)坝外坡坡比陡于设计坡比
	(4)坝体超过设计坝高,或超设计库容储存尾矿
	(5)尾矿堆积坝上升速率大于设计堆积上升速率
	(6)未按法规、国家标准或行业标准对坝体稳定性进行评估
	(7)浸润线埋深小于控制浸润线埋深
	(8)安全超高和干滩长度小于设计规定
	(9)排洪系统构筑物严重堵塞或坍塌,导致排水能力急剧下降
	(10)设计以外的尾矿、废料或者废水进库
	(11)多种矿石性质不同的尾砂混合排放时,未按设计要求进行排放
	(12)冬季未按照设计要求采用冰下放矿作业

（三）特殊时期指标

特殊时期指标指法定节假日、国家或地方重要活动等时期,特殊时期发生事故,事故社会影响将加大。因此,特殊时期对初始的单元现实风险（R）提一档。

（四）高危风险物联网指标

高危风险物联网指标指近企业发生生产安全事故或国内外发生的典型同类事故。出现这种情况，对初始的单元现实风险（R）提一档，以提高风险管控级别。

（五）自然环境指标

自然环境指标指区域内发生气象、地震、地质等灾害，将会增大事故发生概率。出现这种情况，对初始的单元现实风险（R）提一档，以提高风险管控级别。

（六）综合治理指标

企业对地下矿山、露天矿山实施闭坑，对尾矿库实施销库、闭库等综合治理措施，将会有效降低事故风险，可对初始的单元现实风险（R）降一档。

六、单元现实风险评估模型（R_N）

（一）单元初始安全风险（R_0）

将单元高危风险管控指标 G 与单元固有危险指数 H 聚合，得到单元初始安全风险 R_0：

$$R_0 = GH \tag{4-6}$$

式中　G——单元高危风险管控指标；

　　　H——单元固有危险指数。

（二）风险点固有危险指数动态监测指标修正值（h_d）

高危风险动态监测特征指标修正系数（K_3）对风险点固有危险指标进行动态修正：

$$h_d = hK_3 \tag{4-7}$$

式中　h——风险点固有危险指数；

　　　K_3——高危风险动态监测特征指标修正系数。

（三）单元固有危险指数动态修正值（H_D）

单元区域内存在若干风险点，根据安全控制论原理，单元固有危险指数动态修正值（H_D）为若干风险点固有危险指数动态监测指标修正值（h_{di}）与场所人员暴露指数加权累计值。H_D定义如下：

$$H_D = \sum_{n=1}^{n} h_{di}(E_i/F) \tag{4-8}$$

式中　h_{di}——单元内第i个风险点固有危险指数动态监测指标修正值；

　　　　E_i——单元内第i个风险点场所人员暴露指数；

　　　　F——单元内各风险点场所人员暴露指数累计值；

　　　　n——单元内风险点数。

（四）单元现实安全风险（R_N）

单元现实安全风险R_N为单元现实风险动态修正指标对单元初始安全风险R_0修正的结果。用H_D代替H、G_D代替G参与运算以修正单元初始安全风险R_0。当出现特殊时期指标、高危风险物联网指标和自然环境指标和综合治理指标时，对单元风险等级进行调档。

七、单元风险分级

根据《国务院安委会办公室关于印发标本兼治遏制重特大事故工作指南的通知》（安委办〔2016〕3号）和《国务院安委会办公室关于实施遏制重特大事故工作指南构建双重预防机制的意见》（安委办〔2016〕11号）等文件的要求，将单元的现实风险划分为四级，即Ⅰ级、Ⅱ级、Ⅲ级、Ⅳ级，采用"红""橙""黄""蓝"四色作为风险预警级别。

- Ⅰ级风险（红）：不可容许的（巨大风险），极其危险，必须立即整改，不能继续作业。

- Ⅱ级风险（橙）：高度危险（重大风险），必须制定措施进行控制管理。企业对重大及以上风险危害因素应重点控制管理。

- Ⅲ级风险（黄）：中度（显著）危险，需要控制整改。公司、部室（车间上级单位）应引起关注。

- Ⅳ级风险（蓝）：轻度（一般）危险，可以接受（或可容许的）。车间、科室应引起关注。

风险分级的关键在于分级标准的确定，需要指出的是风险分级标准不应是绝对不变的，所谓的低风险和重大风险目前也只是人为定义的，风险分级标准需要结合不断增加的评估样本而不断优化。分级标准应适应政府风险监管需求，根据区域内企业初始安全风险的分布情况划分等级，以确定重点监管对象。在监管过程中重点应关注风险的变化及其原因，而不应是风险等级本身。本书基于湖北省 33 家尾矿库的初始安全风险样本，确定了初步的单元现实安全风险分级标准，见表 4-51。

表 4-51 单元现实安全风险等级划分

单元现实风险(R_N)	单元现实安全风险等级
$R_N < 47$	低风险
$47 \leqslant R_N < 140$	一般风险
$140 \leqslant R_N < 233$	较大风险
$233 \leqslant R_N$	重大风险

除了以上定量的风险分级方法以外，也可以采用风险矩阵评价方法进行定性分级。与定量分级方法不同之处在于单元初始安全风险的确定，定量分级方法中单元初始安全风险 $R_0 = HG$。定性分级方法主要基于"五高"风险评估思想，即五高固有风险中含有表征发生事件后果严重程度的指标，而单元高危风险管控指标 G 主要表征引发事件可能性，这样可按照风险矩阵法将事件发生可能性与后果严重性组合而来，直接判定单元初始安全风险等级，而不需要获取具体的风险值。

定性分级方法，首先要将单元固有风险指数 H 和单元高危风险管控指标 G 进行分级。本书依据生产安全事故等级按照人员死亡数的划分，对高风险场所人员暴露指数 E 按 $P = 1$、3、10 进行取值，其他"四"高危险指数取最大值，计算出对应的固有风险指数临界值见表 4-52。

表 4-52 后果严重程度等级划分

单元固有风险指数(H)	后果严重程度等级赋值
$H < 35$	1
$35 \leqslant H < 105$	2
$105 \leqslant H < 175$	3
$175 \leqslant H$	4

高危风险管控指标可直接按照企业安全生产标准化四级分级方法进行分

级，见表 4-53。

表 4-53　发生可能性等级划分

企业标准化等级	可能性等级赋值
一级	1
二级	2
三级	3
不达标	4

利用风险矩阵表判定最终的单元初始和单元现实安全风险等级，见表 4-54。

表 4-54　安全风险等级判定表

可能性	后果			
	4	3	2	1
4	Ⅰ级	Ⅰ级	Ⅱ级	Ⅲ级
3	Ⅰ级	Ⅱ级	Ⅱ级	Ⅲ级
2	Ⅱ级	Ⅱ级	Ⅲ级	Ⅳ级
1	Ⅲ级	Ⅲ级	Ⅳ级	Ⅳ级

定量风险评估法是由统计资料获得指标数据，或通过一定的数据规则来表征各指标，然后按照某种数理方式进行加工整理，获取风险值。缺点：要对其中的风险进行准确识别与量化仍是一件困难的事情，在很大程度上要取决于评估者的经验，数学模型可靠性有待进一步验证。定量风险评估法优点，可实现对企业安全现状的数量特征、数量关系与数量变化进行分析，其风险值便于研究者或风险决策者通过对这些数据的比较和分析作出有效的判断与解释，更能够适应后续风险信息化平台的建设。

风险矩阵法通过聚合危险发生的可能性和伤害的严重程度来综合评估风险，是一种定性或半定量的风险评估方法。它是一种风险可视化的工具，主要用于风险评估领域。风险矩阵法常用一个二维的表格对风险进行半定性的分析，其优点：为企业确定各项风险重要性等级提供了可视化的工具，操作快捷，简单易学，容易掌握。缺点：需要对风险重要性等级标准、事故发生可能性、后果严重程度等作出等级判断，可能影响使用的准确性；应用风险矩阵法所确定的风险重要性等级是通过相互比较确定的，因而无法将个别风险重要性等级通过数学运算得到总体风险的重要性等级。

八、企业整体风险（R）

企业整体风险（R）由企业内单元现实风险最大值 $\max(R_{Ni})$ 确定，企业整体风险等级按照表 4-51 的标准进行风险等级划分。

$$R = \max(R_{Ni}) \tag{4-9}$$

九、区域风险聚合

（一）内梅罗指数法

由于内梅罗指数法的优点是数学过程简洁、运算方便、物理概念清晰，并且该法特别考虑了最严重的因子影响，内梅罗指数法在加权过程中避免了权系数中主观因素的影响。为了便于风险分级标准统一化，区域风险值采用内梅罗指数法计算。

1. 县（区）级区域风险（R_C）

根据县（区）级区域内企业整体综合风险（R_i），从中找出最大风险值 $\max(R_i)$ 和平均值 $\mathrm{ave}(R_i)$，按照内梅罗指数的基本计算公式，县（区）级风险（R_C）为

$$R_C = \sqrt{\frac{\max(R_i)^2 + \mathrm{ave}(R_i)^2}{2}} \tag{4-10}$$

式中　　R_C——县（区）级区域风险值；

　　　　R_i——县（区）级区域内第 i 个企业的整体风险值；

　$\max(R_i)$——区域内企业整体风险值中最大者；

　$\mathrm{ave}(R_i)$——县（区）级区域内企业整体风险值的平均值。

县（区）级风险等级按照表 4-51 的标准进行风险等级划分。

2. 市级风险

根据各县（区）级区域风险（R_C），从中找出最大风险值 $\max(R_{Ci})$ 和平均值 $\mathrm{ave}(R_{Ci})$，按照内梅罗指数的基本计算公式，市级风险（R_M）为：

$$R_M = \sqrt{\frac{\max(R_{Ci})^2 + \mathrm{ave}(R_{Ci})^2}{2}} \tag{4-11}$$

式中 R_{Ci}——市级区域内第 i 个县（区）的区域风险值；

   $\max(R_{Ci})$——区域内企业整体风险值中最大者；

   $\text{ave}(R_{Ci})$——区域内企业整体风险值的平均值。

市级风险（R_M）等级按照表4-51的标准进行风险等级划分。

（二）预警提档聚合方法

以区域内当前企业出现的最高风险等级作为区域内基础预警色，并按"区域内出现 3 项黄色预警时，记 1 项橙色预警；出现 2 项橙色预警时，记为 1 项红色预警"的规则进行提档调控。

参考文献

[1] 王先华. 安全控制论原理和应用[J]. 兵工安全技术，1999(4)：14-16.

[2] 王先华，吕先昌，秦吉. 安全控制论的理论基础和应用[J]. 工业安全与防尘，1996(1)：1-6＋49.

[3] 李文，叶义成，王其虎，等. 矿井坠罐事件高风险因素风险辨识评估模型[J]. 灾害学，2020，35(01)：64-70.

[4] 叶义成. 非煤矿山重特大风险管控[A]. 中国金属学会冶金安全与健康分会. 2019 中国金属学会冶金安全与健康年会论文集[C]. 中国金属学会冶金安全与健康分会：中国金属学会，2019：6.

[5] 邢冬梅，叶义成，赵雯雯，等. 我国矿山透水事故致因分析及安全管理对策[J]. 中国安全生产科学技术，2011，7(12)：130-135.

[6] 刘涛，叶义成，王其虎，等. 非煤地下矿山冒顶片帮事故致因分析与防治对策[J]. 化工矿物与加工，2014，43(2)：24-28.

[7] 应急管理部. 金属非金属矿山重大生产安全事故隐患判定标准（试行）解读［EB/OL］. https://www.mem.gov.cn/gk/zcjd/201711/t20171122_233267.shtml，2017-11-22.

[8] 杨洋，颜爱华，王国栋，等. 风险分级管控在煤矿的实践[J]. 现代职业安全，2020(3)：71-73.

[9] 徐克，陈先锋. 基于重特大事故预防的"五高"风险管控体系[J]. 武汉理工大学学报(信息与管理工程版)，2017，39(6)：649-653.

[10] 王其虎，吴孟龙，叶义成，等. 一种金属非金属露天矿山重大安全风险量化方法［P］. CN113344361A，2021.

[11] 王其虎，吴孟龙，李文，等. 一种金属非金属地下矿山重大安全风险量化方法［P］. CN113344360A，2021.

[12] 王其虎，吴孟龙，叶义成，等. 一个尾矿库重大安全风险量化方法[P]. CN113807638A，2021.

第五章　非煤矿山典型"五高"风险
评估案例

选择一家非煤矿山企业，分别对该企业地下矿山单元、露天矿山单元和尾矿库单元的"五高"风险进行评估演算。

第一节　某地下矿山"五高"固有风险评估案例分析

以湖北省某大型黑色冶金地下矿山为例，对该地下矿山开采单元涉及的坠罐事故风险点、火灾事故风险点、透水事故风险点、冒顶片帮事故风险点进行"五高"初始安全风险进行验算和分级。

一、某地下矿山基本信息

某铁矿是一家国有大型黑色冶金地下矿山，位于湖北省黄石市，主要产品为磁铁矿，年产 130 万吨。

矿体顶板围岩主要有矽卡岩、大理岩、含白云质大理岩及矽卡岩化闪长岩等，矿体底板围岩主要有矽卡岩、矽卡岩化闪长岩和黑云母辉石闪长岩等。矿体属倾斜-急倾斜、中厚-厚矿体。矿石稳固性属中等稳固-稳固，顶底板围岩中等稳固-稳固。矿石以块状富磁铁矿和混合富矿为主。

矿山采用竖井开拓，主要开采中段为 $-50m$、$-110m$、$-170m$ 三个中段。生产提矿主要从一期主井、二期主井和三期主井提升，设计提升能力一期主井 70 万吨，二期主井 30 万吨，三期主井 45 万吨。井下运输采用电机车运输矿石。

采矿方法为分段空场嗣后充填法，中深孔凿岩台车（Simba 1252）凿岩，粒状铵油炸药和非电导爆系统起爆，$3m^3$ 电动或柴油铲运机集中在采场底部出矿，矿房回采结束后，采用全尾砂充填料对采空区进行胶结充填。

采用对角式机械强制通风，回风井配备有抽风设备，局部通风不良地段采用局扇辅助通风。有通风监测系统对各采区的风量、风速、风质进行监测。另外矿山实施湿式凿岩，破碎基站设有密闭吸尘罩除尘。

二、坠罐事故风险点固有风险危险指数评估

该矿副井罐笼安全保护装置正常，钢丝绳制动系统、提升机检测检验合格，设置有可靠的过卷保护装置和防坠器，高风险设备固有危险指数 h_s 取值1.2。

矿区副井井筒深度190m，以副井井深确定高风险物品危险指数 $M=1$。

矿区工作制度为每天3班，每班8小时，矿区早班150人，中班60人，晚班60人，按罐笼最大乘罐人数48人，确定高风险场所人员暴露指数 $E_1=7$。

提升系统钢丝绳有完整的检测记录，但未建立钢丝绳在线监测系统，视频监控设施等监测监控设施正常。高风险工艺修正系数 K_1 取值1.5。

坠罐事故风险点涉及的高风险作业有设备检修作业、电梯操作、金属非金属矿山安全检查作业、金属非金属矿山提升机操作作业4类，高风险作业危险性修正系数 $K_2=1.2$。

因此，该矿坠罐单元固有危险指数 $h_1=1.2×1×7×1.5×1.2=15.12$。

三、火灾事故风险点固有风险危险指数评估

该矿室内（外）有醒目的防火标志和防火注意事项，并配备有干粉灭火器及其他灭火器材；辅助斜坡道硐口值班室配备有灭火器材，主要有干粉灭火器、防毒面具、铁锹等，以备井下应急之用。地表的适当位置堆放了一定量的沙子，以供灭火用；在重点部位如井下爆破器材库、柴油设备较多的出矿水平等设有消火栓；每台无轨自行设备（包括井下铲运机、凿岩台车、材料车等）均配备有灭火装置；作业人员和临时人员下井均佩戴自救器；未配置自动灭火设施。因此，高风险设备固有危险指数 $h_s=0.825$。

井下储存有柴油，井底车场有 $3m^3$ 油罐，工作面有180L的油桶，油品高风险物品危险指数 $M_1=1$；矿石产品主要为磁铁矿，无自燃倾向，矿石高风险物品危险指数 M_2 取1；井下电缆、支架均为阻燃材料，非阻燃材料高风险物品危险指数 M_3 取1；$M=\max(M_1, M_2, M_3)=1$。

井下单班最大作业人员150人，考虑有反风系统，井底车场失火后，受影

响人数按 100 人计算，确定高风险场所人员暴露指数 $E_2 = 9$。

井下建有有毒有害气体监（检）测（CO、NO_2、O_2 等）、温度报警监测等监测监控，运行均正常，空气质量良好。高风险工艺修正系数 K_1 取值 1。

火灾事故风险点涉及的高风险作业有临时用电作业、动火作业、压力容器（焊接气瓶）操作、焊接与热切割作业、金属非金属矿山安全检查作业、金属非金属矿山井下电气作业、金属非金属矿井通风作业 7 类，高风险作业危险性修正系数 $K_2 = 1.35$。

因此，该矿坠罐风险点的固有危险指数 $h_2 = 0.825 \times 1 \times 9 \times 1 \times 1.35 = 10.02$。

四、透水事故风险点固有风险危险指数评估

矿区地表防水措施和设施有：矿区四周均开挖了截排水沟，有效拦截周边地表水向塌陷区的汇入；每年雨季组织防水检查，并派人值守；发现区内积水区及时开挖排水沟进行疏导排水。矿区井下防水：在新开采区进行了探水工作，井下每个主要生产中段 $-50m$、$-110m$、$-170m$ 井底车场均设置有防水门；井下涌水量较大的出水点采取了密闭措施；主要排水设备设施为 9 台 $200D43 \times 8$ 水泵，扬程 $344m$，流量 $280m^3/h$。高风险设备固有危险指数 h_s 取值 1.14。

矿区水文地质条件属简单~中等复杂类型；最大涌水量 $24430m^3/$天，正常涌水量 $3432m^3/$天，高风险物品危险指数 $M = 4$。

矿区最低中段为 $-170m$ 中段，最大单班作业人数约 30 人，确定高风险场所人员暴露指数 $E_3 = 7$。

矿区地表建有降水量监测，井下建有矿坑涌水量监测等监测监控设施，运行正常。矿区已完成了对新开区的探水作业，当前无探水作业面。高风险工艺修正系数 K_1 暂取值 1。

透水事故风险点涉及的高风险作业有探放水作业、金属非金属矿山安全检查作业、金属非金属矿山排水作业 3 类，高风险作业危险性修正系数 $K_2 = 1.15$。

因此，该矿透水事故单元固有危险指数 $h_3 = 1.14 \times 4 \times 7 \times 1 \times 1.15 \approx$

36.71。

五、冒顶片帮事故风险点固有风险危险指数评估

根据岩体结构面和结构体的工程地质特征，将矿区内的岩石划分为三个工程地质岩组。块状岩组：主要反映厚—巨厚层状灰岩和花岗闪长斑岩，以块状结构为主，RQD 值为 $50\% \sim 80\%$，属 Ⅱ 级岩体，破碎处为 Ⅳ 级岩体。层状结构岩组：属中等完整岩石，围岩主要是大理岩、石英闪长岩，属 Ⅱ 级岩体，破碎处为 Ⅳ 级岩体。松散结构岩组：主要为地表第四系地层及破碎带松散岩层，属 Ⅴ 级岩体。高风险设备固有危险指数 h_s 取值 1.175。

该矿目前采用充填法进行开采，采空区全部处理，巷道采用喷锚网全程支护，局部不稳定区域采用工字钢支架支护，高风险物品危险指数 $M=1$。

矿山工作制度为每天 3 班，每班 8 小时，单个采场作业面每班 5 人，高风险场所人员暴露指数 $E_4=3$。

矿区地表建有地表沉降监测设施，部分地压活动区设有地压监测设施，监测数据能够正常获取。高风险工艺修正系数 K_1 取值 1。

冒顶片帮事故风险点涉及的高风险作业有金属非金属矿山安全检查作业、金属非金属矿山支柱作业、金属非金属矿山爆破作业 3 类，高风险作业危险性修正系数 $K_2=1.15$。

因此，该矿冒顶片帮事故单元固有危险指数 $h_4=1.175 \times 1 \times 3 \times 1 \times 1.15 \approx 4.05$。

六、某地下矿山单元风险管控指标

该地下矿山的安全生产标准化等级为一级，暂取值 90 分，即安全生产标准化分值 $v=90$。单元高危安全风险管控指标 $G=1.11$。

七、某地下矿山单元初始安全风险评估与分级

单元固有危险指数 $H=h_1E_1/F+h_2E_2/F+h_3E_3/F+h_4E_4/F=17.89$。
其中 $F=E_1+E_2+E_3+E_4=26$。

在不考虑单元动态风险指标对固有风险和管控指标的扰动情况下，该地下矿山的单元初始安全风险 $R_0=HG=19.86$。依据地下矿山安全风险分级标

准，该地下矿山初始安全风险等级为Ⅳ级。

第二节　某露天矿山"五高"固有风险评估案例分析

以湖北省某冶金熔剂露天矿山为例，对该露天矿山开采单元涉及的边坡坍塌事故风险点、放炮事故风险点、排土场坍塌事故风险点进行"五高"初始安全风险进行验算和分级。

一、某露天矿山基本信息

该矿位于湖北省东部，是一个中型机械化开采的露天矿山，产品为石灰石和白云石，设计年采剥总量300万吨，原矿270万吨。

采区东西长3150m，矿床的大部分出露于地表。该矿以22勘探线为界分为东、西两区，0～22勘探线为东区，22～44勘探线为西区。目前，正规机械化开采的东区采场东西长约2000m，南北宽约600m，该采区已经生产了五十多年，已经开始进入凹陷露天开采，边坡高度最高达到48m。东区现主要开采水平是+55m水平，+43m水平已经开沟。西区一直是小型机械开采或人工开采，主要生产水平为+79m水平（实际标高为83m），采场东西长约1000m，位于东区采场西侧，采场地形西高东低。

东区采用窄轨铁路—汽车系统进行开拓，采场推进方向为由北向南。西区开采严重滞后，未能利用东区现有的窄轨铁路系统，采用汽车开拓运输方式。

该露天矿南侧排土场（1#）、采场北侧排土场（2#）及新排土场（3#）总容量为1170万m³，服务年限为11年，规划4#排土场在需要新征地的情况下服务年限为3年。

矿区岩层可以分为坚硬岩类工程地质岩组和半坚硬—软弱岩类工程地质岩组。前者主要由石灰岩、白云岩组成，力学强度较高，可达100MPa以上，后者主要为泥质页岩，遇水容易软化。目前，采场边坡稳定性一般较好，仅局部地段见有规模不大的崩塌现象，特别是北部边坡，部分地段位于断裂带上，且坡脚岩层为泥盆系页岩，坡向岩层倾向一致，成为影响边坡稳定性的因素。矿区工程地质条件属简单—中等类型。

二、边坡坍塌事故风险点固有风险危险指数评估

依据极限平衡法稳定性计算，该矿露天边坡正常工况下最小安全系数为 4.39，高风险设备固有危险指数 h_s 取 1。

该矿边坡最高高度为 48m，属于低边坡，高危风险物品危险指数 $M=1$。

露天边坡下作业平台的单班作业人数为 15 人，高风险场所人员暴露指数 $E_1=5$。

矿山在边坡上建有坡体表面位移、坡体内部位移、边坡裂缝、采动应力、质点速度、渗透压力、地下水位、降水量及视频等监控监测设施，监测数据能够正常获取。高风险工艺修正系数 K_1 取值 1。

边坡坍塌事故风险点涉及的高风险作业有金属非金属矿山安全检查作业、金属非金属矿山排水作业、金属非金属矿山爆破作业 3 类，高风险作业危险性修正系数 $K_2=1.15$。

因此，该矿边坡坍塌事故风险点固有危险指数：

$$h_1=1\times1\times5\times1\times1.15\approx5.75$$

三、放炮作业事故风险点固有风险危险指数评估

该矿一次爆破最大用药量为 6t，爆破类型为岩石爆破，根据资料可知该矿爆破工程分级为 C，高危风险物品危险指数 $M=3.6$。

爆破区单次爆破作业人数为 15 人，高风险场所人员暴露指数 $E_2=5$。

矿山在边坡上建有雷电静电监测和爆破视频监控设施，监测数据能够正常获取。高风险工艺修正系数 K_1 取值 1。

放炮事故风险点涉及的高风险作业有金属非金属矿山安全检查作业、金属非金属矿山排水作业、金属非金属矿山爆破作业 3 类，高风险作业危险性修正系数 $K_2=1.15$。

因此，该矿放炮事故风险点固有危险指数：

$$h_2=3.6\times5\times1\times1.15=20.7$$

四、排土场坍塌事故风险点固有风险危险指数评估

依据极限平衡法稳定性计算，该矿排土场边坡正常工况下最小安全系数为1.2，高风险设备固有危险指数 h_s 取 1.3。

排土场容积 1170 万 m^3，为三等排土场，高危风险物品特征值 $M=3.6$。

排土场下游（排土场高度 2 倍的距离）区域人员为 0 人，加上排土场作业人员 5 人，确定高风险场所人员暴露指数 $E_3=3$。

矿山在排土场边坡上建有坡体表面位移、坡体内部位移、降水量监测和视频监控等设施，监测数据能够正常获取。高风险工艺修正系数 K_1 取值 1。

排土场坍塌事故风险点涉及的高风险作业有金属非金属矿山安全检查作业、金属非金属矿山排水作业 2 类，高风险作业危险性修正系数 $K_2=1.1$。

因此，该矿排土场坍塌事故风险点固有危险指数：

$$h_3=1.3×3.6×3×1×1.1≈15.44$$

五、某露天矿山单元风险管控指标

该露天矿山的安全生产标准化等级为一级，暂取值 90 分，即安全生产标准化分值 $v=90$。单元安全风险管控指标 $G=1.11$。

六、某露天矿山单元初始安全风险评估与分级

单元固有危险指数 $H=h_1E_1/F+h_2E_2/F+h_3E_3/F=13.74$（其中，$F=E_1+E_2+E_3=13$），在不考虑单元动态风险指标对固有风险和管控指标的扰动情况下，该露天矿的单元初始安全风险值 $R_0=HG=15.25$。依据安全风险分级标准，该露天矿山初始安全风险等级为 Ⅳ 级。

第三节　某尾矿库"五高"风险评估案例分析

以湖北省某铁矿尾矿库为例，对该尾矿库单元涉及的溃坝风险点进行"五

高"初始安全风险验算和分级。

一、某尾矿库基本信息

该尾矿库位于湖北省鄂州市，属山谷型尾矿库，设计最终堆积坝标高 95m，初期坝坝底标高 32.6m，总坝高 62.4m，全库容 1880 万立方米，为三等尾矿库。

目前该尾矿库坝顶标高约为 93.5m，现状坝高 62.4m，现状库容 1800 万立方米，坝顶宽约为 3m，库水位标高为 89.35m，最小干滩长度约 250m，坝肩及坝面设置了截（排）水沟，坝外坡设置了 3 座辐射井。正在进行闭库设计。具体现状参数见表 5-1。

表 5-1　尾矿库现状参数一览表

内容	现状技术参数
尾矿库排洪系统	排水斜槽＋排水管
初期坝坝体结构	透水堆石坝
初期坝下游坡比	整体 1∶1.5
初期坝坝底标高/m	32.6
初期坝坝顶标高/m	50
堆积坝坝顶标高/m	93.5
子坝外坡坡比	1∶3
堆积坝整体外坡坡比	约 1∶4
堆积坝坝顶宽度/m	3.0
库水位标高/m	89.35
斜槽断面/m²	0.8×0.8
排水管/m	内径 1.7
干滩长度/m	最小干滩长度约 250

排放方式为坝前湿式放矿，上游式筑坝。目前尾矿库坝前无积水，回水构筑物为回水泵，排水管直径 300mm，设 2 台水泵抽水，每台水泵每小时抽水 280m³，配用电机 135kW。澄清的尾矿水进行循环利用，所以尾矿库尾矿水排放基本为零排放。

排洪设施为排水斜槽＋排水管，位于尾矿库的库尾，排水斜槽为 800mm× 800mm 的矩形断面，壁厚 250mm，斜槽平均坡度为 20°55′，排水管内径为

1.7m，洪水可由排水管排出，坝肩及坝面截（排）水沟结构完好。

尾矿库库区周边无滑坡、塌方、泥石流；无违章爆破、采石和建筑；无违章进行尾矿回采、取水；无外来尾矿、废石、废水和废弃物排入；无开垦等。

尾矿库下游北侧有一个村庄，距离尾矿库最近处约300m，人口约300人；下游南西西方向有矿职工医院，最近距离300m，一般不足100人；北面有程潮公路通过，最近距离30m；下游约700m处有球团厂铁路专用线；尾矿库下游另有尾矿库值班房，当班最大人数为8人。根据头顶库定义（指下游1公里〈含〉距离内有居民或重要设施的尾矿库），该尾矿库为头顶库。

二、溃坝事故风险点固有风险危险指数评估

依据极限平衡法稳定性计算，当前尾矿库正常工况下最小安全系数为1.21，滑坡高风险设备固有危险指数 $h_{s1}=1.15$。该尾矿库属山谷型尾矿库，筑坝方式为上游式尾矿坝，筑坝方式的高风险设备危险指数 $h_{s2}=1.2$；尾矿堆存方式为湿式堆存，堆存方式的高风险设备危险指数 $h_{s3}=1.1$；尾砂类型为铜铁矿尾砂，尾砂类型的高风险设备危险指数 $h_{s4}=1.1$，高风险设备固有危险指数 $h_s=h_{s1}h_{s2}h_{s3}h_{s4}\approx1.67$。

设计总坝高95m，全库容约为1880万 m^3，现状坝高62.4m，现状库容1800万 m^3，现状库等级为三等，正常运行状态下高风险物品危险指数 $M_1=3$。库区排洪系统采用排水斜槽—管式，泄洪时高风险物品危险指数 $M_2=1.325$。高风险物品危险指数 $M=3.98$。

库区下游北侧有村庄，距离尾矿库最近处约300m；北面有公路通过，最近距离30m；下游约700m处有球团厂铁路专用线；尾矿库下游有尾矿库值班房，当班最大人数为8人，三班制工作，下游1km范围内人数约400人。确定高风险场所人员暴露指数 $E=9$。

该尾矿库安装有浸润线、坝体外部位移、坝体内部位移、干滩长度、库水位、降水量监测及视频监控7类监测监控设施，监测数据能够正常获取。高风险工艺修正系数 K_1 取值1。

溃坝风险点涉及的高风险作业有金属非金属矿山安全检查作业和尾矿作业2类，高风险作业危险性修正系数 $K_2=1.1$。

因此，该尾矿库溃坝风险点固有危险指数：

$$h = 1.67 \times 3.98 \times 9 \times 1 \times 1.1 \approx 65.8$$

整个尾矿库单元内只有溃坝风险这一个风险点，因此将溃坝风险点固有指数 h 作为尾矿库的单元固有危险指数 H。

$$H = h = 65.8$$

三、某尾矿库单元风险管控指标

该尾矿库的安全生产标准化等级为一级，暂取值 90 分，即安全生产标准化分值 $v = 90$。单元高危安全风险管控指标 $G = 1.11$。

四、某尾矿库单元初始安全风险评估与分级

在不考虑单元动态风险指标对固有风险和管控指标的扰动情况下，该尾矿库的单元初始安全风险值 $R_0 = HG = 73.04$，依据尾矿库安全风险分级标准，该尾矿库初始安全风险等级为Ⅲ级。

第六章　风险分级管控

第一节　风险管控模式

一、基于风险评估技术的风险管控模式

以非煤矿山安全风险辨识清单和五高风险辨识评估模型为基础，全面辨识和评估企业安全风险，建立非煤矿山安全风险"PDCA"闭环管控模式，构建源头辨识、分类管控、过程控制、持续改进、全员参与的安全风险管控体系，如图 6-1 所示。

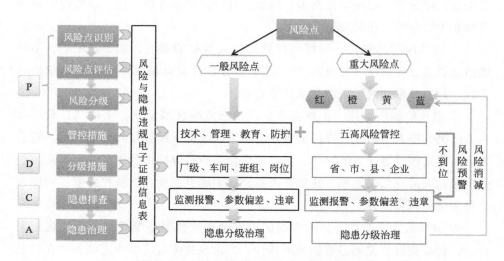

图 6-1　非煤矿山安全风险分级管控及隐患排查 PDCA 模式

（1）以风险预控为核心，以隐患排查为基础，以违章违规电子证据监管为手段，建立非煤矿山"PDCA"闭环管理运行模式，依靠科学的考核评价机制推动其有效运行，策划风险防控措施，实施跟踪反馈，持续更新风险动态和防控流程。企业参照非煤矿山通用安全风险辨识清单，辨识出危险部位及关键岗位活动所涉及的潜在风险模式，做到危险场所全员（包括作业人

员、下游危及范围人员）知晓风险，采取与风险模式相对应的精准管控措施和隐患排查；监管部门实时获取企业"五高"现实风险动态变化，并参考违章、隐患判定方法以及远程监控手段，以现有技术进行电子违章证据获取和隐患感知，有针对性地开展监管和执法，推动企业对风险管控的持续改进。前者需要在监管部门引导下由企业落实主体责任，后者需要在企业落实主体责任的基础上督导、监管和执法。有效解决非煤矿山风险"认不清、想不到、管不到"等问题。

（2）实施风险分类管控，特别是非煤矿山重大风险，重点关注高危工艺、设备、物品、场所和岗位等风险，加强动态风险管控，实现可防可控。针对"五高"固有风险指标管控，企业从以下方面管控五个风险因子：

① 高风险设备设施管控。企业对高风险设备设施应实施安全设施"三同时"管理，严格按设计和安全规程执行，提高设备设施本质安全化水平。非煤矿山地下矿山开采系统，露天矿山开采系统，尾矿库选址、设计、施工必须符合国家法律法规和标准规范要求，勘察、设计、安全评价、施工和监理等单位资质和等级应符合相关要求。

② 高风险物品管控。对可能导致重特大事故的罐笼、炸药、尾矿、不稳固顶板和边坡等物品（能量），按相关安全标准和设计要求严格控制高危物品参数，做好日常探测、检测与维护等管理。

③ 高风险场所管控。企业应减少人员在危险区域暴露，采取"自动化减人、机械化换人"措施，推广远程巡查技术。流动人员如临时作业人员、监管人员、附近居民等进入矿（库）区，同样会影响非煤矿山的动态安全风险，企业对流动人员应加强监控。比如在入库道路关键点设置在线监控装置，对库区流动人员进行监控。

④ 高风险工艺管控。保障非煤矿山安全在线监测系统数据与传输的正常运行，提高关键监测动态数据的可靠性，当出现故障时应尽快完成安全在线监测恢复工作，达到《尾矿库在线安全监测系统工程技术规范》（GB 51108）、《尾矿库安全监测技术规范》（AQ 2030）、《金属非金属露天矿山高陡边坡安全监测技术规范》（AQ 2063）、《金属非金属地下矿山人员定位系统建设规范》（AQ 2032）等规定的监测要求。

⑤ 高风险作业管控。从业人员应当接受安全生产教育和培训，掌握本职工作所需的安全生产知识，正确认知岗位安全风险和相关管控措施，增强事故

预防和应急处理能力，落实持证上岗工作，并做好上岗前的教育记录。

（3）提高企业安全标准化管理水平。基于《企业安全生产标准化基本规范》（GB/T 33000—2016）中目标责任、制度化管理、教育培训、现场管理、安全风险管控与隐患排查治理、应急管理、事故管理、持续改进等要素加强对尾矿库的风险管控。建立隐患和违章智能识别系统，加强隐患排查和上报，特别是对重大安全事故隐患，应安排专人实时对企业安全生产标准化考核分数进行管理水平实际状态的扣减，使其及时反映企业的实际风险管控水平。

（4）强化风险动态管控。依据非煤矿山动态预警信息、基础动态管理信息、地质灾害、特殊时期等有关资料及时作出应对措施，降低动态风险。提高风险动态指标数据的实时性和有效性，避免数据失真。建立统一的关键动态监测指标（人员定位、高陡边坡、干滩长度、浸润线深度、坝体位移速率、库水位、降水量等）预警标准。严格按照预警标准控制非煤矿山运行参数，如应加强连续暴雨对尾矿库风险的管理，保证排洪设施的畅通无阻，提前降低库水位，避免库水位长期处于超高状态。建立非煤矿山基础信息定期更新制度，非煤矿山运行技术参数发生变化，企业应及时报送更新。构建大数据支撑平台，加强气象、地灾的信息联动；及时关注近一个月国内外非煤矿山发生的安全事故信息，加强对类似风险模式的管控。

鉴于此，提出了从通用风险清单辨识管控、重大风险管控、单元高危风险管控和动态风险管控四个方面实现非煤矿山行业风险分类管控，如图 6-2 所示。

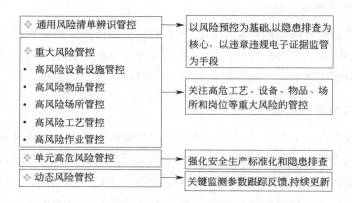

图 6-2　基于风险评估技术的安全风险分类管控

二、风险一张图与智能监测系统

（一）风险一张图

为了更好地实现动态风险评估、摸清危险源本底数据、搞清危险源状况，提出安全风险"一张图"全域监管。宏观层面上，"一张图"全域监管是为危险源的形势分析、风险管控、隐患排查、辅助决策、交换共享和公共服务提供数据支撑所必需的政策法规、体制机制、技术标准和应用服务的总和[1-3]。微观层面上，其基于地理信息框架，采用云技术、网络技术、无线通信等数据交换手段，按照不同的监管、应用和服务要求将各类数据整合到统一的地图上，并与行政区划数据进行叠加，绘制省、市、县以及企业安全风险和重大安全事故隐患分布电子图，即全面展示危险源现状的"电子挂图"，共同构建统一的综合监管平台，实现风险源的动态监管。

安全风险"一张图"全域监管体系总体架构由"1 个集成平台、2 条数据主线、3 个核心数据库"构成，详细架构见图 6-3。"1 个集成平台"，即地理信息系统集成平台，归集、汇总、展示全域所有的企业安全生产信息、安全政务信息、公共服务信息等；"2 条数据主线"，即基于地理信息数据的风险分级管控数据流和隐患排查治理数据流；"3 个核心数据库"，即安全管理基础数据库、安全监管监察数据库和公共服务数据库。

（二）智能监测系统

1. 数据标准体系建立

按照"业务导向、面向应用、易于扩展、实用性强、便于推行"的思路建立数据标准体系。参考现有标准制定数据标准既可规范数据生产的质量，又可提高数据的规范性和标准性，从而奠定"一张图"建设的基础。

2. 有机数据体系建立

数据体系建设应包括全层次、全方位和全流程，从天地一体化数据采集与风险源的风险管控、隐患排查治理与安全执法所产生的两大数据主线入手，确保建立危险源全方位数据集。具体包括基础测绘地理信息数据、企业基本信息数据、风险源空间与属性信息数据、风险源生产运行安全关键控制参数、危险源周边环境高分辨率等对地观测系统智能化检测数据、监管监察业务数据、安

图 6-3　"一张图"全域监管体系总体架构

全生产辅助决策数据和交换共享数据等。

3. 核心数据库建立

以"一数一源、一源多用"为主导，建立科学有效的"一张图"核心数据库，其实质是加强风险源的相关数据管理，规范数据生产、更新和利用工作，提高数据的应用水平，建立覆盖企业全生命周期的一体化数据管理体系。

4. 安全管理基础数据库

安全管理基础数据库是"一张图"全域监管核心数据库建立的空间定位基

础，基础地理信息将管控目标在空间上统一起来。其主要包括企业基本信息子库和时空地理信息子库。企业基本信息子库包含企业基本情况、责任监管信息、标准化、行政许可文件、应急资源、生产安全事故等数据；时空地理信息子库包含基础地形数据、大地测量数据、行政区划数据、高分辨率对地观测数据、三维激光扫描等数据。

5. 安全监管监察数据库

安全监管监察数据库主要包括风险管控子库和隐患排查治理子库。风险分级管控子库包括风险源生产运行安全控制关键参数、统计分析时间序列关键参数，对风险源进行动态风险评估，为智能化决策提供数据支撑。隐患排查治理子库包括隐患排查、登记、评估、报告、监控、治理、销账等 7 个环节的记录信息，以此加强安全生产周期性、关联性等特征分析，做到来源可查、去向可追、责任可究、规律可循。

6. 共享与服务数据库

共享与服务数据库主要包括交换共享子库和公共服务子库。交换共享子库包括指标控制、协同办公、联合执法、事故调查、协同应急、诚信等数据；公共服务子库包括信息公开、信息查询、建言献策、警示教育、举报投诉、舆情监测预警发布、宣传培训、诚信信息等数据。

纵向横向整合全省资源，实现信息共享。在"一张图"里，囊括湖北省内主要风险源和防护目标，涵盖主要救援力量和保障力量。一旦发生灾害事故，点开这张图，一分钟内可以查找出事故发生地周边有多少危险源、应急资源和防护目标，可以快速评估救援风险，快速调集救援保障力量投入到应急救援中去，让风险防范、救援指挥看得见、听得着、能指挥，为应急救援装上"智慧大脑"，实现科学、高效、协同、优化的智能应急。

根据应急响应等级，以事发地为中心，对周边应急物资、救援力量、重点保护设施及危险源等进行智能化精确分析研判，结合相应预案科学分类生成应急处置方案，系统化精细响应预警。同时对参与事件处置的相关人员、涉及避险转移相关场所，基于可视化精准指挥调度，实现高效快速处置突发事件。同时，基于"风险一张图"，可分区域分类别，快速评估救援能力，为准确评估区域、灾种救援能力、保障能力奠定了基础；另外，还实现了主要风险、主要救援力量、保障力量的一张图部署和数据的统一管理，解决了资源碎片化管理、风险单一化防范的问题，有效保障了数据的安全性。

第二节　政府监管

一、监管分级

根据风险分级模型计算得到的风险值，基于 ALARP 原则，对监管对象的风险进行风险分级，分为重大风险、较大风险、一般风险和低风险四级[4-7]。结合"匹配监管原理"，即应以相应级别的风险对象实行相应级别的监管措施，如重大风险级别风险的监管对象实施高级别的监管措施，如此分级类推。见表 6-1。

表 6-1　风险分级与风险水平相应的匹配监管原理

风险等级	风险状态/监管对策和措施	监管级别及状态			
		重大风险	较大风险	一般风险	低风险
I级（重大风险）	不可接受风险：重大级别监管措施；一级预警：强力监管；全面检查：否决制等	合理 可接受	不合理 不可接受	不合理 不可接受	不合理 不可接受
II级（较大风险）	不期望风险：较大风险监管措施；二级预警：较强监管；高频率检查	不合理 可接受	合理 可接受	不合理 不可接受	不合理 不可接受
III级（一般风险）	有限接受风险：一般风险监管措施；三级预警：中监管；局部限制：有限检查、警告策略等	不合理 可接受	不合理 可接受	合理 可接受	不合理 不可接受
IV级（低风险）	可接受风险：可忽略；四级预警：弱化监管；关注策略：随机检查等	不合理 可接受	不合理 可接受	不合理 可接受	合理 可接受

ALARP 原则：任何对象、系统都是存在风险的，不可能通过采取预防措施、改善措施做到完全消除风险。而且，随着系统的风险水平的降低，要进一步降低风险的难度就越高，投入的成本往往呈指数上升。根据安全经济学的理论，也可这样说，安全改进措施投资的边际效益递减，最终趋于零，甚至为负值。

如果风险等级落在了可接受标准的上限值与不可接受标准的下限值内，即所谓的"风险最低合理可行"区域内，依据"风险处在最合理状态"的原则，处在此范围内的风险可考虑采取适当的改进措施来降低风险。

各级安全监管部门应结合自身监管力量，针对不同风险级别的非煤矿山企业制定科学合理的执法检查计划，并在执法检查频次、执法检查重点等方面体现差异化。同时，鼓励企业强化自我管理，提升安全管理水平，推动企业改善安全生产条件。企业应采取有效的风险控制措施，努力降低安全生产风险。非煤矿山企业可根据风险分级情况，调整管理决策思路，促进安全生产。

二、精准监管

基于智能监控系统的建设，可进一步完善非煤矿山风险信息化基础设施，为非煤矿山相关部门防范风险提供信息和技术支持[8,9]。基于智能监控系统可以实现远程非煤矿山风险评估证明电子证发放、远程处理监管、监督生产过程、日常隐患巡查等防控监管，有效提高工作效率，从而降低人力成本、时间成本，提高经济效益。根据风险评估分级、监测预警等级，各级应急管理部门分级负责预警监督、警示通报、现场核查、监督执法等工作，针对省、市、区县三级部门提出以下对策：

（一）区县级管理部门

（1）督促非煤矿山企业结合非煤矿山安全管理组织体系，将各级安全管理人员的姓名、部门、职务、邮箱、手机和电话等信息录入非煤矿山在线安全监测系统平台。非煤矿山在线安全监测系统应按照管理权限，将预警信息实时自动反馈给各级安全管理人员。对没有生产经营主体的非煤矿山，由所在地县级人民政府承担安全风险管控主体责任。

（2）为了维护非煤矿山的长期安全、可靠运行，区县级应急管理部门应针对性地加强对尾矿坝、排水构筑物及其他非煤矿山安全所必需的附属设施的安全检查、管理。密切关注矿区自然环境、气象条件的变化和周边影响范围内人类活动对非煤矿山安全的直接或间接影响，依据不同时期不同环境下的特点，有针对性地及时定期更新安全风险评价模型指标。

（3）此外，应对隐患进行定期检查，并依据隐患违规电子取证输入系统，对由在线监测监控智能识别出的隐患，要及时监督企业进行处置；企业对隐患整改处理完成后，区县应急管理部门要对隐患整改情况进行核查，并清除安全风险计算模型中的相关隐患数据；当企业的监测监控系统出现失效问题时，要监督企业修复；支持对水泵、室内外消防栓、防排烟设施等各类安全生产基础设施的数量、空间位置分布、实时状态等信息进行监测和可视化管理；并可集成各传感器监测数据，对安全生产设施运维数据进行实时监测，对异常状态进行实时告警，提升管理者对基础设施的运维管理效率。

（4）区县级应急管理部门应统筹本区内的企业风险。当安全风险出现黄色、橙色、红色预警时，区县级应急管理局应在限定时间内响应，指导并监督企业对照风险清单信息表和隐患排查表核查原因，采取相应的管控措施排除隐患。信息反馈采用非煤矿山在线安全监测系统信息发布、手机短信、邮件、声音报警等方式告知相应部门和人员，黄色和红色预警信息应立即用电话方式告知相应部门和人员，并应送达书面报告，及时上报上级应急管理部门。

（5）预警事件得到处置且非煤矿山安全运行正常，非煤矿山在线安全监测系统应解除预警。

（二）市级监管部门

（1）地方各级人民政府要进一步建立完善安全风险分级监管机制，明确每一座非煤矿山的监管责任主体。实行地方人民政府领导非煤矿山安全生产包保责任制，地方各级人民政府主要负责人是本地区防范化解非煤矿山安全风险工作第一责任人，班子有关成员在各自分管范围内应对防范化解非煤矿山安全风险工作负领导责任。

（2）实现管辖区域内企业、人员、车辆、重点项目、危险源、应急事件的全面监控，并结合公安、工商、交通、消防、医疗等多部门实时数据，辅助应急管理部门综合掌控安全生产态势。

（3）支持与危险源登记备案系统、视频监控系统、企业监测监控系统等深度集成，对重大危险源企业进行实时可视化监控。集成视频监控、环境监控以及其他传感器实时上传的数据，对坝体位移、浸润线埋深、干滩长度、库水位等设备运行状态以及降水量、地质情况等复杂环境条件进行实时可视化监测，提升应急管理部门对重大危险源的监测监管力度。对重点防护目标的实时状态进行监测，为突发情况下应急救援提供支持。

（4）基于地理信息系统，对辖区内非煤矿山的数量、地理空间分布、规模等信息进行可视化监管。整合辖区内各区县应急管理部门现有信息系统的数据资源，覆盖日常监测监管、应急指挥调度等多个业务领域，实现数据融合、数据显示、数据分析、数据监测等多种功能，应用于应急监测指挥、分析研判、展示汇报等场景。并可提供点选、圈选等多种交互查询方式，在地图上查询具体企业名称、联系人、资质证书情况、特种设备情况、安全评价情况、危险源情况等详细信息，实现"一企一档"查询。

（5）支持对辖区内重点非煤矿山的数量、分布、综合安全态势进行实时监测；并可对具体非煤矿山单位周边环境、建筑外观和内部详细结构进行三维显示，支持集成视频监控、电子巡更等系统数据，对非煤矿山实时安全状态进行监测，辅助企业和区县级的应急管理部门精确有力掌控非煤矿山风险部位。

（6）市级应急管理部门应统筹全市范围内的企业风险。当出现橙色、红色预警时，市级监管部门立即针对相关企业提出相应的指导意见和管控建议，企业必须立即整顿。

（三）省级监管部门

（1）省级人民政府负责落实健全完善防范化解非煤矿山安全风险责任体系。

（2）建立突发事件应急预案，并可将预案的相关要素及指挥过程进行可视化部署，支持对救援力量部署、行动路线、处置流程等进行动态展现和推演，以增强指挥作战人员的应急处置能力和响应效率。

（3）支持集成视频会议、远程监控、图像传输等应用系统或功能接口，可实现一键直呼、协同调度多方救援资源，强化应急部门扁平化指挥调度的能力，提升处置突发事件的效率。

（4）支持对应急管理部门既有事故灾害数据，提供多种可视化分析、交互手段进行多维度分析研判，支持与应急管理细分领域的专业分析算法和数据模型相结合，助力挖掘数据规律和价值，提升管理部门应急指挥决策的能力和效率。

（5）兼容现行的各类数据源数据、地理信息数据、业务系统数据、视频监控数据等，支持各类人工智能模型算法接入，实现跨业务系统信息的融合显示，为应急管理部门决策研判提供全面、客观的数据支持和依据。统筹区域性风险，整体把控相关区域内的风险，组织专家定期进行远程视频隐患会诊；对安全在线监测指标和安全风险出现红色预警的企业进行在线指导等。

（6）支持基于时间、空间、数据等多个维度，依据阈值告警触发规则，并集成各检测系统数据，自动监控各类风险的发展态势，进行可视化自动告警，如当一周内连续两次出现红色预警时，必须责令相关企业限期整改。

（7）支持整合应急、交通、公安、医疗等多部门数据，可实时监测救援队伍、车辆、物资、装备等应急保障资源的部署情况以及应急避难场所的分布情况，为突发情况下指挥人员进行大规模应急资源管理和调配提供支持。智能化筛选查看突发事件发生地周边监控视频、应急资源，方便指挥人员进行判定和分析，为突发事件处置提供决策支持。

（8）支持与主流舆情信息采集系统集成，对来自网络和社会上的舆情信息进行实时监测告警，支持舆情发展态势可视分析、舆情事件可视化溯源分析、传播路径可视分析等，帮助应急管理部门及时掌握舆情态势，以提升管理者对网络舆情的监测力度和响应效率。在出现红色预警信息后，迅速核实基层监管部门是否对相关隐患风险进行处置及监管，根据隐患整改情况执行相应的措施。

三、远程执法

（一）远程视频监控管理系统

对非煤矿山现场引入远程视频监控管理系统，利用现代科技，优化监控手段，实现实时地、全过程地、不间断地监管，不仅能有效杜绝管理人员的脱岗失位和操作工人的偷工减料现象，也为处理质量事故纠纷提供一手资料，同时也可以在此基础上建立曝光平台，增强质量监督管理的威慑力。

1. 监督模式

鉴于非煤矿山环境复杂，管控节点多等问题，该系统根据现场实地需求灵活配置，并有可移动视录装备配合使用，受现场条件限制小；与企业管理平台和执法监督部门网络终端相连接，非煤矿山现场图像清晰能稳定实时上传并在有效期内保存，便于执法监督人员实时查看和回放，可有效提高监督执法人员工作效率，并实现全过程监管。无线视频监控系统本身的优势决定着其在竞争日益激烈、管理日趋规范的市场中将更多地被采用，在政府监管部门和非煤矿山企业的日常管理中将起到日益重要的作用。

2. 远程管理

借助网络实现在线管理，通过语音、文字实时通信系统与企业、现场的管理人员在线交流，及时发现问题并整改。通过远程实时监控掌握工程进度，合理安排质监计划，使监管更具时效性与针对性，有助于提高风险管理水平，并实现预防管控。

3. 远程监督

监控系统能够直观体现非煤矿山风险现场的质量问题，节约处理时间，使风险问题能够高效率解决。对于一些现场复杂、工艺参数烦琐的非煤矿山，可邀请相关技术专家通过远程网络指导系统及时解答非煤矿山现场中出现的问题，对风险管控难点或不妥之处进行及时沟通与协调。

（二）基于隐患和违章电子取证的远程管控与执法

实施隐患治理动态化管理。依托智慧安监与事故应急一体化云平台形成统一的隐患捕获、远程执法、治理、验收方法。

1. 建立隐患和违章数据感知平台

依据安全风险与隐患违规电子证据信息表，针对潜在的风险模式，开发一一对应的隐患和违章前端智能识别方式，包括视频、红外摄像、关键指标监测、无人机等技术。监控部位重点关注可能诱发溃坝事故的关键部位。

2. 企业隐患排查与上报

企业应建立定期的隐患排查和上报制度。由矿长组织、总工程师主持召开月度隐患排查会议，参加人员有分管专业副矿长、副总工程师、专业部室负责人及专业技术人员及区队主要负责人、主管技术员等，负责对非煤矿山范围内安全生产隐患进行月度隐患排查并制定安全技术措施（或方案）、落实责任部门和责任人。安环部负责编制会议纪要并上报集团公司，月度隐患排查纪要应在矿安全信息网发布，各区队要学习非煤矿山月度隐患排查纪要精神，相关岗位人员负责各单位学习贯彻情况的日常检查。

企业隐患上报。由非煤矿山隐患排查治理办公室负责，将本月隐患治理情况及下月隐患排查情况，形成隐患排查会议纪要报集团公司，其他有关矿井安全生产隐患按上级规定及时进行上报。

3. 远程执法

隐患和违章数据出现后，监管人员将隐患和违章证据及时推送企业，并对相关违章行为进行处置，督促企业限期整改，同时对企业安全生产标准化分数进行扣减，动态调整企业的风险管控指标。为提高隐患信息传递效率，方便隐患排查治理系统用户能及时掌握隐患排查情况，接收隐患排查工作任务，可借助短信通知功能，使隐患排查治理工作的各个环节都能以手机短信的方式通知到相关人员。

4. 公示

由非煤矿山隐患排查治理办公室负责，对每月进行的安全隐患排查结果在安全信息网进行公示，要具体包含隐患类型、处理形式、负责人、所属部门、整改意见以及整改期限等。各区队在施工现场悬挂的隐患治理牌板上要公示月度排查出的 C 级以上隐患。

5. 治理

排查出的 B 级及以上安全隐患，按照矿隐患排查会议纪要安排由所在专业负责，由各专业分管副矿长负责组织力量进行治理。隐患治理由各专业负责制定技术措施并实施，安环部对分管部门治理措施的落实和治理进程的速度进行跟踪监管，若查出结果为 A 级隐患，需集团公司进行处理，并报之上级部门知情，由其确认接管进行协商治理。

6. 验收

由分管副矿长牵头，专业部门、安环部参加验收，专业部门出具验收单、存档，并报隐患排查治理办公室一份，由集团公司对各隐患结果进行协调处理，并最终交由上级部门审查验收。

7. 考核

A 级以下的隐患在治理完成后交由排查治理办公室进行综审，具体检查其改善成果是否达标，是否有隐患复现的可能并最终上报总集团，A 级隐患治理完成后要对集团公司提交申请，安排专家组包括上级工作人员共同进行考核。隐患和违章整改治理到位后，监管部门通过远程感知平台或现场勘查进行核实，同时标准化分数恢复到隐患和违章出现前的水平。

第三节 企业风险管控

一、企业分级分类管控

（一）风险辨识分级

根据确定的风险辨识与防控清单，进行重大风险辨识要充分考虑到高危工艺、设备、物品、场所和岗位等的辨识；按照重大风险、较大风险、一般风险、低风险四级，分别对独立法人单位、二级厂矿分厂、子公司作业区、班组岗位进行管控，且管控清单同时报上级机构备案。其中，当分级管控的风险源发生变化，相应机构或单位监控能力无法满足要求时，应及时向上一级机构或主管部门报告，并重新评估、确定风险源等级。

（二）分类监管

按照部门业务和职责分工，将本级确定的风险源按行业、专业进行管控，明确监管主体，同时由监管主体部门或单位确定内部负责人，做到主体明确，责任到人。例如作业人员在放矿作业处的风险源，应由矿山安全主管部门负责制定放矿分级管理制度，排放方案的风险由矿山负责管控，出现不均匀放矿管理由作业区负责管控，排放过程由班组和岗位人员负责管控，同时由指定的各级管理技术人员按照风险管控责任清单，经常性地进行检查、确认和清理。

（三）分级管控

依据风险源辨识结果，制定风险分级管控措施清单和责任清单。清单应包括风险辨识名称、风险部位、风险类别、风险等级、管控措施与依据等内容。

（四）岗位风险管控

结合岗位应急处置卡，完善风险告知内容，主要包括岗位安全操作要点、主要安全风险、可能引发的事故类别、管控措施及应急处置等内容，便于职工随时进行安全风险确认，指导员工安全规范操作。

（五）预警响应

非煤矿山企业应建立预警监测制度并制定预警监测工作方案。预警监测工作方案包括对关键环节的现场检查和重点部位的场所监测，主要明确预警监测点位布设、监测频次、监测因子、监测方法、预警信息核实方法以及相关工作责任人等内容。例如，通常情况下，至少在坝体和排水口等布置预警监测点位，分别启动红色、橙色、黄色预警。当非煤矿山风险事件发生后，非煤矿山企业应立即启动本单位应急响应，执行应急预案，实施先期处置；根据现场情况，配合当地政府按照预警分级启动应急响应，必要时启动区域级防控措施。

（六）风险管理档案

非煤矿山风险档案管理应按照全生命周期管理要求，从非煤矿山开发、非煤矿山管理及后期处置3阶段建立档案管理体系，重点涵盖非煤矿山风险评价文件及相关批复文件、设计文件、竣工验收文件、安全生产评价文件、稳定性评估、风险评估、隐患排查、应急预案、管理制度文件、日常运行台账等。

二、风险智慧监测监控

（一）监控一体化

依照《尾矿库安全规程》（GB 39496—2020）、《尾矿库安全监测技术规范》（AQ 2030—2010）、《尾矿库在线安全监测系统工程技术规范》（GB 51108—2015）、《金属非金属露天矿山高陡边坡安全监测技术规范》（AQ 2063—2018）、《金属非金属地下矿山人员定位系统建设规范》（AQ 2032—2011）建立全方位立体监控网络，对风险点、人员集中场所、主要岗位等进行监控，实现天地空监控一体化智能监控管理平台。

（二）资源共享化

对跨平台的企业非煤矿山基础数据、气象部门、地质灾害部门及其他风险信息资源实现共享和科学评价，提升资源整合和利用率，提高预测预警应急响应能力。

（三）决策智能化

随时了解实时的非煤矿山安全生产状况，对某个关键岗位或部位、作业的风险进行预测预报，及时处理；同时，对非煤矿山环境质量恶劣的区域落实限批、停产、关停等风险经济手段。准确核算区域环境资源的容载能力，为产业结构调整提供科学依据。

三、风险精准管控

（一）风险点管理分工

单元风险点应进行分级管理。根据危险严重程度或风险等级分为 A、B、C、D 级或 Ⅰ 级、Ⅱ 级、Ⅲ 级、Ⅳ 级（A、Ⅰ 为最严重，D、Ⅳ 为最轻，各单位可按照自己的情况进行分级）。

A 级风险点由公司、车间、管理部（安环部）、作业班组四级对其实施管理，B 级风险点由车间、管理部（安环部）、作业班组三级对其实施管理，C 级风险点由管理部（安环部）、作业班组二级对其实施管理，D 级风险点由班组对其实施管理。如图 6-4 所示。

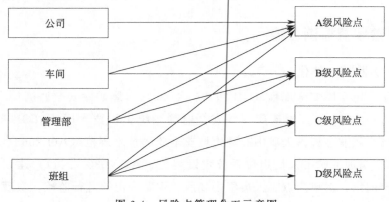

图 6-4　风险点管理分工示意图

（二）检查、监督部门

各级风险点对应责任人及检查部门、监督部门见表 6-2。

表 6-2　各级风险点对应责任人及检查部门、监督部门

管理机构	责任人	检查部门	监督部门
公司	A 级—主管副经理	相关职能处室	安全
地下矿山、露天矿山和尾矿库	A 级—经理 B 级—主管副经理	相关职能处室	安全

续表

管理机构	责任人	检查部门	监督部门
管理部	A、B级—管理部主任； C级—主管副主任	管理部职能部门	生产
班组	A、B、C、D级—班长	有关岗位	安全员

（三）风险点日常管理措施

1. 制定并完善风险控制对策

风险控制对策一般在风险源辨识清单中记载。为了保证风险点辨识所提对策的针对性和可操作性，有必要通过作业班组风险预知活动对其补充、完善。此外，还应以经补充、完善后的风险控制对策为依据对操作规程、作业标准中与之相冲突的内容进行修改或补充完善。

2. 树立"风险控制点警示牌"

"风险控制点警示牌"应牢固树立（或悬挂）在风险控制点现场醒目处。

"风险控制点警示牌"应标明风险源管理级别、各级有关责任单位及责任人、主要控制措施。

为了保证"风险控制点警示牌"的警示效果和美观的一致性，最好对警示牌的材质、大小、颜色、字体等作出统一规定。警示牌一般采用钢板制作，底色采用黄色或白色，A、B、C、D级风险源的风险控制点警示牌分别用不同颜色字体书写。

3. 制定"风险控制点检查表"（对检修单位为"开工准备检查表"）

风险点辨识材料经验收合格后应按计划分步骤地制定风险控制点检查表，以便基于该检查表的实施，掌握有关动态危险信息，为隐患整改提供依据。

4. 对有关风险点按"风险控制点检查表"实施检查

检查所获结果使用隐患上报单逐级上报。各有关责任人或检查部门对不同级别风险点实施检查的周期见表6-3。

对于检修单位，应于检修或维护作业前对作业对象、环境、工具等进行一次彻底的检查，对本单位无能力整改的问题同时应用隐患上报单逐级上报。

表 6-3　对风险点实施检查的周期

责任人或检查部门	风险点级别	检查周期
班组	A、B、C、D 级	每班至少一次
管理部安全员	A、B、C 级	每天一次
管理部各主管副主任	C 级	每周一次
管理部主任	A、B 级	每旬一次
车间安全部门	A、B 级	每半月一次
车间副厂长	B 级	每月一次
车间厂长	A 级	每月一次
公司安全部门	A 级	每月抽查一次
公司副经理	A 级	每季听一次汇报，半年自查一次
公司经理	A 级	每季听一次汇报

公司安全部门对全公司 A、B 级风险点的抽查应保证覆盖面（每年每个 A 级风险点至少抽查一次）和制约机制（保证一年中有适当的重复抽查）。

对尚未进行彻底整改的危险因素，本着"谁主管、谁负责"的原则，由风险点所属的管理部门牵头制定措施，保证不被触发引起事故。

（四）有关责任人职责

非煤矿山企业法定代表人和实际控制人同为本企业防范化解安全风险第一责任人，对防范化解安全风险工作全面负责。要配备专业技术人员管理非煤矿山，实行全员安全生产责任制度，强化各职能部门安全生产职责，落实一岗双责，按职责分工对防范化解安全风险工作承担相应责任。

1. 公司各主管副经理职责

组织领导开展本系统的风险点分级控制管理，检查风险点管理办法及有关控制措施的落实情况。

督促所主管的单位或部门对 A 级风险点进行检查，并对所查出的隐患实施控制。同时，了解全公司 A 级风险点的分布状况及带普遍性的重大缺陷状况。

审阅和批示有关单位报送的风险点隐患清单表，并督促或组织对其及时进行整改。

对全公司 A 级风险点漏定或失控及由此而引起的重伤及以上事故承担责任。

2. 矿厂经理、副经理职责

负责组织车间开展风险点分级控制管理，督促管理部和相关部门落实风险点管理办法及有关控制措施。

对本企业 A 级、B 级风险点进行检查，并了解车间风险点的分布状况和重大缺陷状况。

督促管理部及检查部门严格对 A、B、C 级风险点进行检查。

审阅并批示报送的风险点隐患清单表，督促或组织有关管理部或部门及时对有关隐患进行整改。对于车间确实无能力整改的隐患应及时上报公司，并检查落实有效临时措施加以控制。

对公司 A 级和 B 级风险点失控或漏定及由此而引起的重伤及以上事故承担责任。

3. 管理部主任、副主任职责

负责组织管理部开展风险点分级控制管理，落实风险源管理办法与有关措施。

对本管理部 A、B、C 级风险点进行检查，并了解管理部风险点的分布状况和重大缺陷状况。

督促所属班组严格对各级风险点进行检查。

及时审阅并批示班组报送的风险点隐患清单表。对所上报的隐患在当天组织整改。管理部确实无能力整改的隐患，应立即向公司安全部报告，并采取有效临时措施加以控制。

对管理部 A、B、C 级风险点漏定或失控及由此而引起的轻伤及以上事故承担责任。

4. 班长职责

负责班组风险点的控制管理，熟悉各风险点控制的内容，督促各岗位（同时本人）每班对各级风险点进行检查。

对班组查出的隐患当班进行整改，确实无能力整改的应立即上报管理部，同时立即采取措施加以控制。

对班组因风险点漏检及隐患整改或信息反馈方面出现的失误以及由此而引起的各类事故承担责任。

5. 岗位操作人员职责

熟悉本岗位作业有关风险点的检查控制内容，当班检查控制情况，杜绝弄虚作假现象。

发现隐患应立即上报班长，并协助整改，若不能及时整改，则应采取临时措施避免事故发生。

对因本人在风险点检查、信息反馈、隐患整改、采取临时措施等方面延误或弄虚作假，造成风险点失控或由此而发生的各类事故承担责任。

（五）其他有关职能部门职责

1. 安全部门职责

督促本单位开展风险点分级控制管理，制定实施管理办法，负责综合管理。

负责组织本单位对相应级别风险点危险因素的系统分析，推行控制技术，不断落实、深化、完善风险点的控制管理。

分级负责组织风险点辨识结果的验收与升级、降级及撤点、销号审查。

坚持按期深入现场检查本级风险点的控制情况。

负责风险控制点的信息管理。

负责填报风险点隐患清单表：安全部门向主管经理报送上月查出隐患的汇总表；各作业区将上月查出隐患的汇总表及本作业区无能力整改的隐患汇总上报安全部门。

督促检查各级对查出或报来隐患的处理情况，及时向领导提交报告。

对风险点失控而引发的相应级别伤亡事故，认真调查分析，查清责任并及时报告领导。

负责风险点管理状况考核。

对因本部门工作失职或延误，造成风险点漏定或失控及由此而引发的相应级别工伤事故承担责任。

2. 公司其他有关职能处、室职责

参与 A、B 级风险点辨识结果的审查，并在本部门的职权范围内组织实施。

负责对本部门分管的风险点定期进行检查。

按《安全生产责任制度》的职责，对公司无能力整改的风险点缺陷或隐患接到报告后 24 小时内安排处理。

对因本部门工作延误，使风险点失控或由此而发生死亡及以上事故承担责任。

（六）考核

因风险点漏定或失控而导致事故，按公司有关工伤事故管理制度有关规定从严处理。

风险点隐患未及时整改且未采取有效临时措施的按公司有关安全生产经济责任制考核。

各级、各职能部门未按职责进行检查和管理，对本职责范围内有关隐患未按时处理，按公司经济责任制扣奖。

不按时报送风险点隐患清单表，按季度考核。

通过各种措施改造工艺或提高防护、防范措施水平，消除或减少了风险点的危险因素，经确认后酌情予以奖励。

第四节　绩效评定与持续改进

一、绩效评定

企业每年至少应对风险分级管控体系的运行情况进行一次系统性评审，验证各项风险管控措施的适宜性、有效性，检查风险辨识和风险分级管控目标、指标的完成情况。

二、持续改进

企业根据风险分级管控体系的评审结果，在存在法规、标准等有增减、修订，组织机构发生重大调整变化，非常规作业活动等特殊情况，需要变更风险信息时，应客观分析企业风险分级管控体系的运行情况，及时更新风险辨识范围、调整完善相关制度文件，持续改进，不断完善风险分级管控措施。

第五节　分级管控的效果

开展安全风险分级管控体系建设，企业应至少在以下方面有所改进：

全面排查安全风险。按照有关制度、规范，制定各工段、职能组安全风险辨识程序、方法，全方位、全过程辨识安全风险，形成各工种、各部门安全风险清单，做到系统、全面、无遗漏，并持续更新完善。

科学评定风险等级。各部门、车间、班组按照相关标准对安全风险进行辨识，确定安全风险类别，明确安全风险等级，科学制定企业安全风险等级分布清单和安全风险分布图。

实施安全风险管控。各部门、车间、班组根据风险评估结果，针对安全风险特点，从组织、制度、技术、应急等方面对安全风险实施管控。

建立管控责任清单。明确管控层级（上级公司、厂、班组、岗位），落实具体的责任主体、责任人。

建立管控措施清单。制定具体的管控措施，包括工程技术措施、管理措施、教育措施和个体防护措施等，确保安全风险始终处于受控范围内。

全员风险意识增强。通过实施各单元的风险分级管控，全员安全风险意识显著增强，安全风险从被动防控向主动防控转变，确保安全风险预警及时准确、安全隐患及时消除。

完善隐患排查清单。参照改进的风险管控清单，结合实际完善隐患排查治理制度与隐患排查治理清单，使隐患排查工作更有针对性。

参考文献

[1]　柯丽华，陈杰．地下矿山避难硐室的建设现状及问题研究［J］．中国矿业，2014,23（7）：139-143.

［2］ 朱龙洁，叶义成，柯丽华，等．基于激励理论的我国非煤矿山安全检查激励方式探讨［J］．安全与环境工程，2015，22(2)：79-83.

［3］ 张浩，赵云胜，李向．基于物联网的尾矿库监测方法应用研究——以黄麦岭磷化工尾矿库为例［J］．安全与环境工程，2015，22(6)：143-150.

［4］ Li W，Ye Y，Wang Q，et al. Fuzzy risk prediction of roof fall and rib spalling：based on FFTA-DFCE and risk matrix methods environmental science and pollution research［J］．Environmental Science and Pollution Research. 2019，27(8)：8535-8547.

［5］ Baybutt P. The ALARP principle in process safety［J］．Process Safety Progress，2014，33(1)：36-40.

［6］ Nesticò A，He S，De Mare G，et al. The ALARP principle in the Cost-Benefit analysis for the acceptability of investment risk［J］．Sustainability，2018，10(12)：4668.

［7］ 柯丽华，黄畅畅，李全明，等．基于集对可拓耦合算法的尾矿库安全综合评价［J］．中国安全生产科学技术，2020，16(6)：80-86.

［8］ 刘涛，叶义成，王其虎，等．非煤地下矿山冒顶片帮事故致因分析与防治对策［J］．化工矿物与加工，2014，43(2)：24-28.

［9］ Li W，Ye Y，Hu N，et al. Real-time Warning and Risk Assessment of Tailings Dam Disaster Status Based on Dynamic Hierarchy-grey Relation Analysis［J］．Complexity，2019 (9)：1-14.

第七章　　　"五高"风险评估方法推广
应用及分析

　　为检验研究成果的实用性，以提高非煤矿山的本质安全程度和安全管理水平，预防重特大事故，减轻事故危害后果为目的，选取湖北省33座重点尾矿库（含磷石膏库）为试点，将"五高"风险评估模型和管控体系成果进行示范应用，建立33座尾矿库安全风险辨识、评估、管控体系，充分掌控湖北省尾矿库安全风险现状，并基于研究成果开发尾矿库安全风险智能监测及管控平台，为湖北省尾矿库安全风险分级管控奠定基础，进一步推动成果在更多行业大规模推广应用。

　　根据尾矿库分布特征、运行状态、矿产类型、区域覆盖性、以湖北省代表性的33座重点尾矿库（含磷石膏库）为研究对象。开展"五高"风险评估方法的试点推广应用工作。

第一节　尾矿库调研及分析

　　根据尾矿库分布特征、运行状态、矿产类型、区域覆盖性、以湖北省代表性的33座重点尾矿库（含磷石膏库）为研究对象，开展调研工作。

　　调查尾矿库生产工艺及现状运行参数；识别与分析尾矿库存在的风险因子种类、性质、产生的原因和存在的部位；查看尾矿库的在线监测系统，检查监测设施的完好程度以及监测点设置和分布；检查尾矿库运行情况，确定尾矿库的安全设施运行是否有效；调研尾矿库安全风险分级管控现状。

一、尾矿库基本信息

　　(1) 湖北省33座尾矿库中，按照设计等别划分，二等库3座，三等库25座，四等库5座，其中有12座为"头顶库"。

　　按照隶属市占比分布：武汉1座、十堰1座、黄冈1座，荆州2座，襄阳3座、孝感3座，鄂州3座、黄石5座，荆门5座，宜昌9座。

（2）截至 2019 年底，湖北省 33 座尾矿库的布置型式、筑坝方式、堆存方式、安全系数、设计等别、安全生产标准化等级、初期坝类型、初期坝坝型等方面的基本信息，见表 7-1。运行状况：闭库 2 座（编号：006、011）；建设中 1 座（编号：003）。堆排工艺方面：干式堆存尾矿库 11 座；湿式堆存尾矿库 22 座，其中一次性筑坝尾矿库 2 座，其余为上游式筑坝方式。

二、在线监测设施情况

依据《防范化解尾矿库安全风险工作方案》（应急〔2020〕15 号）明确指出尾矿库企业要建立完善在线安全监测系统，并确保有效运行。湿排尾矿库要实现对坝体位移、浸润线、库水位等的在线监测和重要部位的视频监控，干式堆存尾矿库要实现对坝体表面位移的在线监测。"5＋1＋N"重大风险评估能够持续进行的关键在于动态监测指标的获取，调研过程中重点关注 33 座尾矿库风险在线监测监控设施及运行情况，发现的主要问题有：

（1）日常监控设施易受汛期、雷雨季节等影响，多次出现数据图像缺失现象，企业应提高设备设施的可靠性。

（2）滩面、排水井等关键位置杂草茂盛，监控摄像头无法清晰拍摄监控对象，也不利于未来的远程监管和隐患违章智能识别。

（3）对于坝体较长的尾矿库，监控放矿作业的摄像头数量不够，难以清晰拍摄所有排矿支管的放矿情况。

（4）企业根据设计设定了相关监测指标的预警阈值，对确定阈值的原则缺乏理解，部分企业的预警阈值设定也未严格按照《尾矿库在线安全监测系统工程技术规范》（GB 51108），难以真实反映尾矿库的安全风险状态。比如：坝体位移应以位移速率作为预警标准，部分企业以位移量作为预警标准；相关指标预警阈值未根据坝高的变化定期更新；对库水位或调节回水池水位未设定预警标准等。

（5）坝体位移在线监测系统使用初期出现波动幅度较大，稳定性差，到后期逐步稳定，与筑坝和放矿碾压密实度有关。

（6）部分尾矿库在线监测系统无监测数据，监测监控系统失效，需要明确出尾矿库在线监测监控设备恢复所需时间的限定范围。

表 7-1 试点尾矿库基本信息表

编号	运行情况	布置型式	筑坝方式	尾砂类型及堆存方式	设计坝高/m	设计库容/万立方米	设计等别	现状坝高/m	现状库容/万立方米	现状等别	现状最小安全系数	下游1km受影响人员	标准化等级	排洪方式
1	在用	山谷型	上游式	湿式堆存	62.4	1880	三	62.4	1800	三	1.21	400	一级	槽管
2	在用	山谷型	上游式	湿式堆存	152.5	3042	二	126.8	1827	二	1.32	0	一级	井管
3	新建库	山谷型	上游式	湿式堆存	60	892.42	三	25	基建阶段	五	1.648	0	一级	井管+溢洪道
4	在用	山谷型	一次筑坝	湿式堆存	7	125	四	7	3.5	五	1.12	0	三级	截洪坝+井管
5	在用	傍山型	上游式	湿式堆存	30	1609.32	三	20	1352	四	1.22	1000	二级	井洞
6	闭库	山谷型	上游式	湿式堆存	71	1312	三	71	1312	三	1.23	1000	二级	溢洪道
7	在用	傍山型	上游式	湿式堆存	53	2610	三	50	1720	三	1.73	87	二级	井洞
8	正在办理闭库	傍山型	上游式	湿式堆存	54.5	2150	三	60.5	2150	三	1.27	2311	一级	槽管
9	在用	山谷型	上游式	磷石膏湿式堆存	95	1924	二	96	1800	三	1.38	0	二级	井管
10	在用	山谷型	上游式	湿式堆存	105	1410.8	二	100	1149	二	1.51	0	三级	井洞+井管
11	闭库	山谷型	上游式	磷石膏湿式堆存	132	976	三	132	729	三	1.41	0	三级	井洞

续表

编号	运行情况	布置型式	筑坝方式	尾砂类型及堆存方式	设计坝高/m	设计库容/万立方米	设计等别	现状坝高/m	现状库容/万立方米	现状等别	现状最小安全系数	下游1km受影响人员	标准化等级	排洪方式
12	在用	山谷型	上游式	磷石膏干式堆存（库前排矿）	70	794	三	30	490	三	1.19	0	二级	截洪沟+井管
13	在用	山谷型	上游式	磷石膏干式堆存（库尾排放）	70	2400	三	58	2240	三	1.25	0	未取证	溢洪道+截洪坝
14	在用	山谷型	上游式	磷石膏干式堆存（库前排放）	58	491	四	15	350	四	1.15	0	未取证	溢洪道+截洪坝
15	在用	山谷型	上游式	湿式堆存	89	232	三	70.08	220	三	1.99	0	二级	截洪沟+井洞
16	在用	山谷型	上游式	湿式堆存	92	3397	三	53	1000	三	2	0	三级	溢洪道
17	在用	山谷型	上游式	磷石膏干式堆存（库前排放）	85	2185.77	三	50	440	四	1.25	0	二级	槽管+截洪沟
18	在用	山谷型	上游式	磷石膏干式堆存（库尾排放）	98	1808.61	三	45	360	四	1.47	0	二级	截洪沟+溢洪道
19	在用	傍山型	上游式	磷石膏湿式堆存	70	2380	三	26.5	1240	三	1.31	0	二级	槽管
20	在用	山谷型	上游式	磷石膏湿式堆存	105	2529	二	87	1743	三	1.25	312	二级	槽洞
21	在用	山谷型	一次筑坝	湿式堆存	73	4360	三	58	1583	三	1.21	627	二级	井洞
22	在用	山谷型	上游式	磷石膏湿式堆存	90	2246.85	三	58	664	四	1.4	0	二级	井管

续表

编号	运行情况	布置型式	筑坝方式	尾砂类型及堆存方式	设计坝高/m	设计库容/万立方米	设计等别	现状坝高/m	现状库容/万立方米	现状等别	现状最小安全系数	下游1km受影响人员	标准化等级	排洪方式
23	在用	山谷型	上游式	湿式堆存	79	1730	三	34.5	150	四	1.34	0	二级	槽洞
24	在用	山谷型	分层堆填	磷石膏干式堆存（库尾排放）	85	502.8	三	85	260	三	1.24	10	未取证	槽管
25	在用	山谷型	上游式	磷石膏干式堆存（库尾排放）	45	1700	三	45	1700	三	1.2	10	未取证	井管
26	正在办理闭库	山谷型	上游式	湿式堆存	78	2100	三	78	1760	三	1.3	87	二级	槽管
27	在用	山谷型	上游式	磷石膏干式堆存（库尾排放）	69	1722.8	三	69	900	三	1.2	0	未取证	槽管
28	在用	山谷型	上游式	干式堆存（库尾排放）	67	437.3	三	36	437.3	四	1.2	0	未取证	截洪沟+井管
29	在用	山谷型	上游式	磷石膏湿式堆存	97.83	1537.44	三	76	750	三	1.4	0	未取证	井管
30	在用	山谷型	上游式	干式堆存（库前排放）	70	103.9	四	50	55	四	1.27	0	三级	截洪沟+井管+拦洪坝
31	在用	山谷型	上游式	干式堆存（库前排放）	30	142	四	30	30	四	1.21	100	二级	塔管+溢洪道
32	正在办理闭库	山谷型	上游式	磷石膏湿式堆存	45	966	四	45	900	四	1.69	28	二级	溢洪道+井管
33	闭库再利用	山谷型	上游式	湿式堆存	27.7	663	四	25.4	450	四	1.32	126	一级	溢洪道+井管

（7）对 33 座尾矿库一个月的关键监测数据进行了分析，企业在浸润线深度和干滩长度控制方面设置了较大的安全冗余，浸润线控制和干滩长度方面控制得相对严格，未出现浸润线深度和干滩长度超标的情况；在库水位控制方面，部分企业未设置明确或者符合规程要求的库水位预警标准，对库水位控制相对随意，未严格控制在正常生产控制水位以下，暴雨之前库水位未出现较大幅度降低；坝体位移监测数据波动较大，出现异常值的频率高，特别是干堆尾矿库堆积体初期密实度不够，受外部车辆行驶扰动较大。

三、头顶库基本信息

截至 2019 年底，除去闭库外，33 座尾矿库在用"头顶库"有 12 座。见表 7-2。由统计信息可知：

表 7-2　"头顶库"基本信息调研情况

编号	运行状况	下游 1km 受影响居民人数/人	下游 1km 受影响重要设施	拟治理方式
001	拟闭库	400	北面有公路,下游约 700m 有球团厂铁路专用线,西南方向有矿职工医院	闭库及销库
005	在用	1000	下游 500m 范围内有 1 个自然湾	无
007	在用	87	下游 1km 濒临长江,居民饮用水是长江水,建筑物数量 30 座	升级改造
008	闭库中	2311	下游 500m 范围内有 2 个自然湾	闭库及销库
020	在用	312	220kV 变电站	升级改造
021	在用	627	两家化工厂	升级改造
024	在用	10	厂房若干	升级改造
025	在用、再利用	10	污水处理厂	综合利用
026	闭库中	87	居民点	闭库及销库
031	在用	100	集镇	升级改造
032	闭库中	28	工厂 1 座	闭库及销库
033	停用再利用	126	082 乡道	升级改造

（1）多数"头顶库"的现状坝高与设计坝高持平，个别超出，企业应尽快委托有资质的单位进行全面勘察，对尾矿库实施闭库处理。依据《尾矿库安全监督管理规定》（安监总局令第 78 号修正）规定，尾矿库运行到设计最终标高或者不再进行排尾作业的，应当尽快完成闭库。

（2）多数"头顶库"下游均有居民、主要干道、工厂等，企业应尽快委托有资质的单位进行全面勘察,并对尾矿库进行相应的稳定性论证。溃坝和洪水漫顶风险将影响到下游人员和设施的安全,应作为企业安全风险管控的重点,企业应与下游居民建立良好的沟通渠道和应急通讯,并向下游居民告知溃坝和洪水漫顶风险。

(3)部分"头顶库"下游濒临长江,是居民饮用水的源头,再加上长江大保护战略,更要加强对尾矿库外来排污及尾渣排放的管理。避免潜在危险源引发事故,导致事故后果的扩大。

(4)《防范化解尾矿库安全风险工作方案》(应急〔2020〕15号)明确指出,对于前期已采用隐患治理方式进行治理但本质安全水平没有提高的"头顶库",督促企业进一步完善治理方案,采用闭库销号或升级改造、尾矿综合利用等方式进行治理,每年要对"头顶库"进行一次安全风险评估。

第二节 尾矿库通用风险辨识综合分析

一、通用安全风险清单与隐患违规信息表

分别从坝体、排洪系统、辅助设施、周边环境四个单元对 33 座尾矿库进行了通用安全风险辨识,并编制了通用安全风险清单与隐患违规信息表。

通用安全风险清单与隐患违规信息表内四个单元计 50 条风险模式,坝体、排洪系统、辅助设施、周边环境单元风险模式个数比例如图 7-1 所示。针对每一项风险模式,提出了针对性的风险管控措施,为风险决策管理者提供参考。

(1)事故类别。从尾矿库通用风险辨识清单四个单元来看可能存在的事故类别,坝体单元多以"溃坝"为主,排洪单元中的"洪水漫顶"占"溃坝"事故数量的一半;辅助设施中"车辆伤害"与"触电"事故起数持平;周边环境主要存在"溃坝"和"滑坡"两类事故风险,如图 7-2 所示。从尾矿库系统来看,事故风险点多以"溃坝"为主,占比 58%,其次为洪水漫顶,占比 10%。尾矿库系统事故类别、数量分布情况见图 7-3。

(2)事故后果。"头顶库"溃坝事故与洪水漫顶事故后果往往多导致重大

人员伤亡、财产损失、设备设施损坏、有公众影响力。

（3）隐患违章电子证据。在风险辨识与管控的基础上，提出了利用现阶段可实现且易操作的在线监测监控手段，主要包括监测、监控、在线上传、无人机拍摄等共计 26 种。

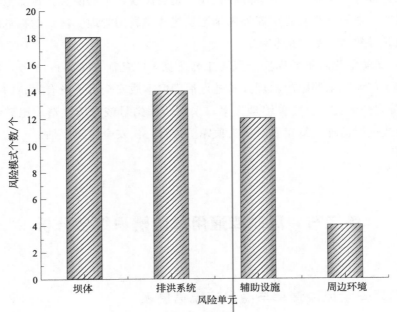

图 7-1　四个单元风险模式个数

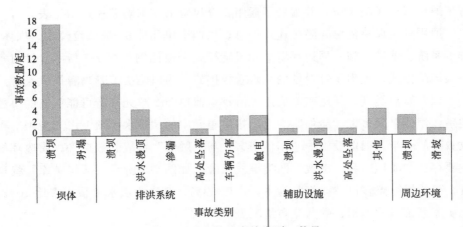

图 7-2　四个单元事故类别、数量

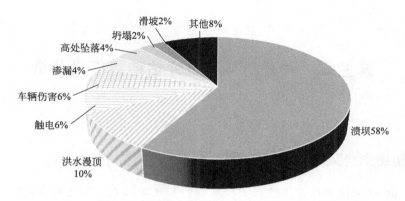

图 7-3 尾矿库事故类别、数量分布情况

二、尾矿库安全风险空间分布图

为突出尾矿库安全风险重点区域、关键岗位和危险场所,在尾矿库遥感影像图或航拍图上,绘制了直观展示的尾矿库安全风险空间分布图,重点关注"头顶库"及二等库安全风险空间分布,以 020 号尾矿库为例,如图 7-4 所示。尾矿库风险在线监测与管控平台中,可将风险清单中的风险模式、管控措施、隐患排查、违章识别等信息嵌入图中所示的尾矿库各关键部位,便于尾矿库各岗位人员识别作业中的主要安全风险和隐患,采取精准的风险控制措施。

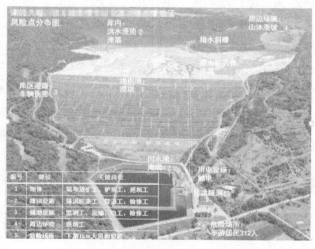

图 7-4 020 号尾矿库风险点分布图

第三节　"五高"风险评估结果综合分析

一、初始安全风险结果及分级

根据 33 家尾矿库提供的有关技术资料和现场调查、类比调查的结果，以及尾矿库系统特点，在辨识分析的基础上对溃坝风险点"五高"固有风险进行了评估，评估结果汇总见表 7-3。

（1）在 33 座尾矿库评估中，3 座尾矿库高风险设备固有危险指数 h_s 最高达到 1.52，原因在于其筑坝采用"湿式排放的上游式尾矿坝"，坝体稳定性相对差；018 尾矿库高风险设备固有危险指数 h_s 最低为 1.20，原因在于其为磷石膏干式堆存，坝体稳定性较高。

（2）高风险物品危险指数 M 与高风险场所人员暴露指数 E 在评估中占比最大，现状坝高与库容决定了 M 的变化，随着坝体加高或库容扩大，M 值会增大。002 号尾矿库、012 号尾矿库 2 家尾矿库现状等别为二等，020 号磷石膏库后期等别将达到二等；尾矿库下游存在人数越多，E 值越大，对风险评估结果的影响越大，8 家尾矿库场所人员暴露指数最高，达到 9，这 8 家尾矿库均为"头顶库"。因此，对"头顶库"进行综合治理，减少人员在暴露区域，降低堆存量，能明显达到降低固有风险的作用。

（3）在线监测监控实施正常运转，能有效控制尾矿库运行技术参数，降低固有风险，反之则增加。调研中，也发现多家尾矿库多项监测监控无数据或出现异常，企业应及时排除监测监控设施的故障，保障监测监控数据能够真实反映尾矿库的运行状态。同时，特种作业种类多，潜在固有风险高，实施自动化，减少高风险作业人员数量，是降低尾矿库固有风险的有效途径。

由于试点尾矿库中部分尾矿库的安全监测系统尚未完全建立，本书暂时采用"五高"定量评估方法和风险矩阵法对 33 座尾矿库单元初始安全风险 R_0 进行分级，如表 7-4 所示。

表 7-3 33 座尾矿库固有风险评估结果

尾矿库编号	赋值					风险点固有危险指数 h
	高风险设备固有危险指数 h_s	高风险物品危险指数 M	高风险场所人员暴露指数 E	高风险工艺修正系数 K_1	高风险作业危险性修正系数 K_2	
001	1.67	3.75	9	1	1.15	64.82
002	1.45	5.63	3	1	1.15	28.16
003	1.45	1.00	3	1	1.15	5.00
004	1.43	1.25	3	1	1.15	6.17
005	1.67	1.69	9	1	1.15	29.21
006	1.67	3.00	9	1	1.15	51.85
007	1.45	3.38	7	1	1.15	39.45
008	1.56	3.98	9	1	1.15	64.26
009	1.32	3.75	3	1	1.1	16.33
010	1.45	5.06	3	1	1.1	24.21
011	1.32	3.38	3	1	1.1	14.72
012	1.35	3.75	3	1	1.1	16.70
013	1.18	3.00	3	1	1.1	11.68
014	1.35	1.50	3	1	1.1	6.68
015	1.45	3.38	3	1	1.1	16.17
016	1.45	3.00	3	1	1.1	14.36
017	1.18	7.75	3	1	1.1	7.75
018	1.10	1.50	3	1	1.1	5.45
019	1.32	3.98	3	1	1.1	17.34
020	1.42	3.98	9	1	1.15	58.49
021	1.27	3.38	9	1	1.15	44.43
022	1.32	1.88	3	1	1.15	8.56
023	1.45	1.99	3	1	1.1	9.52
024	1.27	3.98	5	1	1.1	27.80
025	1.27	3.75	5	1	1.15	27.38
026	1.32	3.98	7	1	1.15	42.29
027	1.27	3.98	3	1	1.1	16.68
028	1.39	1.88	3	1	1.1	8.62

续表

尾矿库编号	赋值					风险点固有危险指数 h
	高风险设备固有危险指数 h_s	高风险物品危险指数 M	高风险场所人员暴露指数 E	高风险工艺修正系数 K_1	高风险作业危险性修正系数 K_2	
029	1.32	3.75	3	1	1.1	16.68
030	1.30	1.88	3	1	1.1	8.64
031	1.39	1.50	9	1	1.1	20.64
032	1.32	1.50	7	1	1.15	15.94
033	1.45	1.50	9	1	1.1	21.53

表 7-4　33 座尾矿库初始安全风险等级测算结果

尾矿库编号	固有风险	标准化等级	初始风险值	初始风险等级	
				定量分析法	风险矩阵法
001	65.62	二级	72.84	Ⅲ	Ⅲ
002	26.92	二级	29.88	Ⅳ	Ⅳ
003	4.79	一级	5.31	Ⅳ	Ⅳ
004	5.9	三级	9.85	Ⅳ	Ⅱ
005	27.86	未取证	37.05	Ⅳ	Ⅱ
006	49.52	二级	65.87	Ⅲ	Ⅲ
007	37.68	二级	50.12	Ⅲ	Ⅲ
008	61.34	一级	68.09	Ⅲ	Ⅳ
009	16.34	二级	21.73	Ⅳ	Ⅳ
010	24.22	二级	32.22	Ⅳ	Ⅳ
011	14.7	未取证	24.55	Ⅳ	Ⅱ
012	17.43	三级	23.19	Ⅳ	Ⅱ
013	12.24	二级	24.48	Ⅳ	Ⅲ
014	6.97	三级	13.95	Ⅳ	Ⅱ
015	16.15	二级	21.48	Ⅳ	Ⅳ
016	14.36	三级	23.97	Ⅳ	Ⅱ
017	8.11	二级	10.78	Ⅳ	Ⅳ
018	5.69	二级	7.57	Ⅳ	Ⅳ
019	17.32	一级	23.03	Ⅳ	Ⅳ

续表

尾矿库编号	固有风险	标准化等级	初始风险值	初始风险等级	
				定量分析法	风险矩阵法
020	55.84	一级	74.27	Ⅲ	Ⅳ
021	42.27	二级	56.21	Ⅲ	Ⅲ
022	8.17	二级	10.86	Ⅳ	Ⅳ
023	9.51	二级	12.65	Ⅳ	Ⅳ
024	28.91	未取证	57.83	Ⅲ	Ⅱ
025	26.09	二级	52.18	Ⅲ	Ⅲ
026	40.4	未取证	53.73	Ⅲ	Ⅱ
027	17.35	二级	34.7	Ⅳ	Ⅳ
028	9	未取证	18	Ⅳ	Ⅱ
029	16.34	未取证	32.67	Ⅳ	Ⅱ
030	8.41	未取证	14.05	Ⅳ	Ⅱ
031	21.6	一级	28.73	Ⅳ	Ⅳ
032	15.25	二级	20.28	Ⅳ	Ⅳ
033	21.53	二级	23.9	Ⅳ	Ⅳ

二、初始安全风险等级分析

（1）33 座尾矿库风险等级分布集中在Ⅲ级和Ⅳ级，尾矿库数量分别为 9 和 24，无Ⅰ级和Ⅱ级。8 座Ⅲ级初始风险尾矿库全为"头顶库"，再次表明对下游人数严加限制能明显起到降低风险的作用。

（2）"006 号尾矿库"虽为Ⅲ级风险，但企业已实施闭库治理，根据动态修正规则，降低为Ⅳ级风险。

（3）企业应加强溃坝单元风险管控，提高安全标准化等级有助于降低初始安全风险。

（4）两种分级方法中，定量分析方法的初始风险等级集中在Ⅲ级和Ⅳ级，而风险矩阵法的初始风险等级出现了较多Ⅱ级初始风险。产生显著差别的原因在于，风险矩阵法中固有风险与风险管控指标对结果的影响相同，而试点尾矿库的固有风险等级未出现太大差别，因此风险矩阵法的初始风险等级结果对各尾矿库管控指标差异更为敏感，出现Ⅱ级初始风险的尾矿库多是因为标准化未取证，导致最终初始风险等级结果与尾矿库实际运行情况不符。定量评估法能呈现固有风险与风险管控概率的组合，而风险矩阵法适用于对管控水平要求高的企业，也即更注重安全生产标准化管理。

第四节　区域风险分析

将尾矿库视为独立企业，基于 33 座试点尾矿库的初始安全风险，分别采用内梅罗指数法和预警提档聚合方法对 33 座试点尾矿库所在地市的区域风险进行测试，结果如表 7-5 所示。

表 7-5　区域风险聚合方法

序号	地市	区域内企业风险情况	内梅罗指数	内梅罗指数等级	预警提档等级
1	鄂州	1 黄 2 蓝	57.45	Ⅲ	Ⅲ
2	黄石	3 黄 2 蓝	58.18	Ⅲ	Ⅱ
3	黄冈	1 蓝	20.9	Ⅳ	Ⅳ
4	孝感	1 黄 2 蓝	29.57	Ⅳ	Ⅲ
5	荆州	2 蓝	22	Ⅳ	Ⅳ
6	十堰	1 蓝	21.48	Ⅳ	Ⅳ
7	襄阳	3 蓝	19.67	Ⅳ	Ⅳ
8	荆门	2 黄 3 蓝	58.18	Ⅲ	Ⅲ
9	宜昌	3 黄 6 蓝	47.68	Ⅲ	Ⅱ
10	武汉	1 蓝	23.9	Ⅳ	Ⅳ

内梅罗指数既考虑了区域内的平均风险，又考虑了最高风险；而预警提档主要考虑区域内的最高风险等级；另外当区域内企业数量较多时，内梅罗指数中的 $(R_N)_{i\max}$ 被弱化，两种方法结果差异变大。

第五节 关键监测监控方案设计

根据《尾矿库安全监测技术规范》（AQ 2030）的规定：尾矿库的安全监测，必须根据尾矿库设计等别、筑坝方式、地形和地质条件、地理环境等因素，设置必要的监测项目及其相应设施，定期进行监测。一等、二等、三等尾矿库应安装在线监测系统，四等尾矿库宜安装在线监测系统。《尾矿库在线安全监测系统工程技术规范》（GB 51108）对尾矿库安全在线监测项目和报警规则进行了规定，但部分指标的报警阈值仅仅为定性描述。鉴于此，本书将尾矿库报警规则进行更精细的参数化处理，以便于计算机能够进行高效的数据处理和报警判断。

一、监测监控指标

依据《尾矿库在线安全监测系统工程技术规范》（GB 51108），一、二、三、四等级尾矿库应设置位移、浸润线、干滩、库水位、降水量等监测指标，必要时还要设置孔隙水压力、渗透水量、混浊度等监测指标。五等尾矿库应设置位移、浸润线、干滩和库水位监测指标[1]。尾矿库高危风险监测特征指标应包括：坝体位移（表面位移和内部位移）、干滩长度、库水位、降水量和浸润线。

（1）坝体位移：表面位移，即监测对象表面产生的水平方向和铅垂方向的变形；内部位移，即监测对象内部产生的水平方向和铅垂方向的变形。

（2）干滩长度：库内水边线至滩顶的水平距离。

（3）库水位：尾矿库运行中的水平面高度，是观测水位，而不是特定水位。

（4）降水量：指从天空降落到地面的液态和固态（经融化后）降水，没有经过蒸发、渗透和流失而在水平面上积聚的深度。

（5）浸润线：库区内的水体向坝体下游方向渗流时，在坝体内部形成的自由水位。

参考《尾矿库感知数据接入规范（试行）》设置尾矿库实时监控指标，主要包括溢流井、滩顶放矿处、排尾管道、坝体下游坡、排洪设施进出口、库水位尺、干滩标杆等处的视频监控。

二、监测报警

（一）监测报警等级

尾矿库安全监测报警等级由低级到高级分为黄色报警、橙色报警和红色报警三级；尾矿库监测指标报警等级应由尾矿库安全监测项目的最高报警等级确定；当同类监测项目的监测点达到 3 个黄色报警时，该项目应为橙色报警；当同类检测项目的监测点达到 2 个橙色报警时，该项目应为红色报警；当监测项目达到 3 项黄色报警时，应记为 1 项橙色报警；当监测项目达到 2 项橙色报警时，应记为 1 项红色报警。

尾矿库各安全监测项目的报警等级见表 7-6。

表 7-6 尾矿库各安全监测项目的报警等级

监测指标	报警等级		
	黄色报警	橙色报警	红色报警
尾矿库位移	√	√	√
浸润线		√	√
尾矿坝最小安全超高		√	√
最小干滩长度		√	√
库水位		√	√
降水量	√	√	

（二）监测报警阈值

（1）干滩长度报警。干滩长度报警阈值见表 7-7。

表 7-7 干滩长度报警阈值

黄色报警	橙色报警	红色报警
$1.4L_{min}$	$1.1L_{min}$	L_{min}

L_{min} 为该尾矿库的最小干滩长度，不同等别尾矿库最小干滩长度按表 7-8

和表7-9取值。

表 7-8　上游式尾矿堆积坝的最小干滩长度

尾矿库等别	一等库	二等库	三等库	四等库	五等库
最小干滩长度 $L_{\min}$/m	150	100	70	50	40

表 7-9　下游式和中线式尾矿堆积坝的最小干滩长度

尾矿库等别	一等库	二等库	三等库	四等库	五等库
最小干滩长度 $L_{\min}$/m	100	70	50	35	25

（2）堆积坝浸润线埋深报警。浸润线埋深报警阈值见表7-10。

表 7-10　浸润线埋深报警阈值

橙色报警	红色报警
$1.1D_S$	D_S

D_S 为该尾矿库堆积坝下游坡浸润线最小埋深，按表7-11取值。

表 7-11　尾矿库堆积坝下游坡浸润线的最小埋深

堆积坝高度 H_L/m	$H_L \geqslant 150$	$150 > H_L \geqslant 100$	$100 > H_L \geqslant 60$	$60 > H_L \geqslant 30$	$H_L < 30$
浸润线最小埋深 D_S/m	10	$H_L/25+2$	$H_L/20+1$	$H_L/15$	2

（3）尾矿坝位移速率报警。尾矿坝位移速率报警阈值见表7-12。

表 7-12　尾矿坝位移速率报警阈值

黄色报警	橙色报警	红色报警
$1.3v$	$2v$	$3v$

注：v 为该尾矿坝正常运行状态位移变化速率，根据该尾矿库实际历史监测数据计算。

（4）库水位报警。库水位报警阈值见表7-13。

表 7-13　库水位报警阈值

橙色报警	红色报警
H_n	$H_d - H_s$

注：H_n 为正常生产控制水位（m）；H_d 为坝顶标高（m）；H_s 为最小安全超高（m），按表7-14取值。

表 7-14　尾矿堆积坝的最小安全超高

尾矿库等别	一等库	二等库	三等库	四等库	五等库
最小安全超高 H_s/m	1.5	1	0.7	0.5	0.4

（5）降水量报警。降水量报警阈值见表 7-15。

表 7-15　降水量报警阈值

黄色报警	橙色报警
1h 内降水量 16mm	
3h 内降水量 20mm	
6h 内降水量 25mm	24h 降水量超过 H_{24P}
12h 内降水量 30mm	
24h 内降水量 50mm	

根据动态监测特征指标报警阈值设定规则，首先需输入尾矿库的基础数据，包括尾矿库等别、坝顶实际标高 H_d、正常生产控制水位 H_n、尾矿堆积坝实际高度 H_L、设计防洪标准对应的降水量 H_{24P}，这些基础数据建议由区县应急管理局负责定期核实更新。

三、关键监测指标报警信息分布及推送

针对影响尾矿库安全风险的 5 个关键动态监测指标，根据所建立的报警阈值标准，选取企业某一段时间内的实际监测数据，绘制不同时刻尾矿库关键监测指标的"红、橙、黄、蓝"四色等级安全风险空间分布图，以实时反映企业需重点关注的工艺指标。尾矿库风险在线监测与管控平台中，可根据企业所输入的实时动态监测数据，对关键指标的报警色进行实时更新，报警等级有变化的关键指标应在图中闪烁提醒，并根据尾矿库安全风险与隐患违规电子证据信息表推送涉及这 5 个关键动态监测指标超限时所对应的管控措施。

第六节　尾矿库安全风险智能监测及管控平台建设

基于"5＋1＋N"非煤矿山重大风险评估模型和分级管控体系研究成果，在湖北省应急管理厅软硬件支持下，相关信息化科技企业已完成开发了湖北省

非煤矿（尾矿库）安全风险智能监测及管控平台，并已成功上线试运行。33座试点尾矿库企业的实时动态风险信息已接入平台，如图7-5所示，实现了从关键动态指标预警、企业风险等级预警、区域风险四色预警、风险溯源、安全风险分级管控等于一体的尾矿库安全风险智能管控信息化，实现了项目的预期目标，后期随接入监测数据的积累，将不断对模型合理性进行修正[2]。

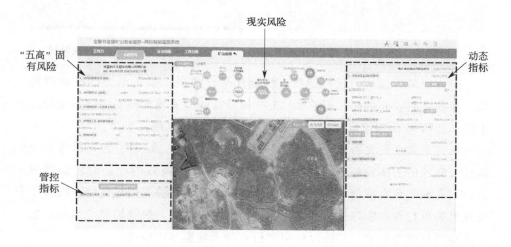

图 7-5　026尾矿库实时动态风险信息

依据项目组编制的通用安全风险清单与隐患违规信息表，在33座试点尾矿库的一些关键部位，如坝顶、滩面、排洪设施等，已布置具有边缘计算功能的摄像头，实现了尾矿库部分违章和隐患的智能识别，如图7-6～图7-9所示。

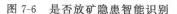

图 7-6　是否放矿隐患智能识别

图 7-7　排洪构筑物堵塞隐患智能识别

图 7-8   坍塌隐患智能识别   图 7-9   坝体裂缝隐患智能识别

　　研究成果为当前信息化系统、智能化平台建设提供了系统的技术解决方案。目前湖北省非煤矿（尾矿库）安全风险智能监测及管控平台已成功开发并上线试运行，33 座试点尾矿库的实时动态风险信息已接入平台。

　　研究成果在湖北省 33 座重点尾矿库的示范应用，推动了企业落实安全风险分级管控的主体责任，对尾矿库安全风险实施了高效的动态管控及持续改进，也有利于政府部门对尾矿库的风险实施分级、分类集约化监管；检验了研究成果的可行性和实用性，为湖北省尾矿库安全风险分级管控奠定基础，进一步推动项目成果在非煤矿山以外更多行业的大规模推广应用。

参考文献

［1］　尾矿库在线安全监测系统工程技术规范［S］. GB 51108—2015.

［2］　李文. 聚合系统属性和管理状态的非煤矿山适时风险评估模型［D］. 武汉：武汉科技大学，2020.